高等院校"十三五"规划教材

大学信息技术基础实训教程

主　编　曾　铮

副主编　程二丽　方　定　周　予

参　编　许云召

中国铁道出版社有限公司
CHINA RAILWAY PUBLISHING HOUSE CO., LTD.

内 容 简 介

本书以提高计算机基础操作能力为原则，在内容组织与设计上，以项目化课程改革的思想为指导，体现了"学中做"和"做中学"的教学理念，突出学生能力的培养，以解决职业岗位中的问题为目标，以完成工作任务来提高学生的职业能力。

全书共 6 章，主要内容包括计算机基础知识实训、Windows 7 操作实训、Word 2010 操作实训、Excel 2010 操作实训、PowerPoint 2010 操作实训和计算机网络应用实训。书末还附有 5 套 NIT 考试题。

本书适合作为高等院校计算机公共基础课程实训教材，也可作为广大计算机初学者的自学读物。

图书在版编目（CIP）数据

大学信息技术基础实训教程/曾铮主编. —北京：中国铁道
出版社有限公司，2020.10（2021.1 重印）
高等院校"十三五"规划教材
ISBN 978-7-113-27088-9

Ⅰ.①大… Ⅱ.①曾… Ⅲ.①电子计算机-高等学校-教材
Ⅳ.①TP3

中国版本图书馆 CIP 数据核字(2020)第 131357 号

书　　名：大学信息技术基础实训教程	
作　　者：曾　铮	

策　　划：潘晨曦		编辑部电话：(010) 83552550
责任编辑：何红艳		
封面设计：高博越		
责任校对：张玉华		
责任印制：樊启鹏		

出版发行：中国铁道出版社有限公司（100054，北京市西城区右安门西街 8 号）
网　　址：http://www.tdpress.com/51eds/
印　　刷：北京柏力行彩印有限公司
版　　次：2020 年 10 月第 1 版　2021 年 1 月第 2 次印刷
开　　本：787 mm×1 092 mm　1/16　印张：10.5　字数：272 千
书　　号：ISBN 978-7-113-27088-9
定　　价：29.00 元

前言

FOREWORD

随着社会的发展，信息交流已经日益渗透到人们学习、工作和生活的方方面面。面对这个崭新时代，信息化的普及、计算机技术的培训以及计算机应用人才的培养成为职业教育工作的重要内容。全国计算机应用水平考试（NIT）是由教育部考试中心主办的计算机应用技能考试，是根据计算机技术发展的特点和学习者在应用领域中的实际需要，采用模块化结构，强调应用，强调技能，用指导评估的方式进行的一种能力考核，可为用人单位提供一个客观、统一、规范的标准，适合各种行业人员计算机培训的需要，供用人单位录用、考核工作人员参考。

针对教育部全国计算机应用水平考试（NIT），结合职业教育的特点，我们编写了本书。本书改进了以往教材的写法，采用实训项目的方式展开，引导学生在完成每个实训项目的同时，学习并掌握相应的操作技能。本书在帮助考生通过计算机应用技术证书考试的同时，能更好地提高学生的计算机应用技能，为将来工作打下良好的基础。

全书共6章。第1章为计算机基础知识实训；第2章为Windows 7操作实训；第3章为Word 2010操作实训；第4章为Excel 2010操作实训；第5章为PowerPoint 2010操作实训；第6章为计算机网络应用实训。本书还附有5套NIT考试题。

本书适合作为高等院校计算机公共基础课程实训教材，也可作为广大计算机初学者的自学读物。

本书由曾铮担任主编，程二丽、方定、周予担任副主编，参加编写的还有许云召。第1章由许云召编写。第2章、第3章由曾铮编写。第4章由方定编写。第5章、附录NIT考试题由程二丽编写。第6章由周予编写。

由于编者水平有限，加之时间仓促，疏漏和不足之处在所难免，诚挚期待广大读者不吝赐教，批评指正，以便我们再版时更正和改进。

编　者
2020年6月

目 录
CONTENTS

第①章

计算机基础知识实训

1.1 选择题解析

1. 世界上第一台计算机诞生于（　　　）。　　　　　　　　　　　　　（参考答案：D）

　　A. 1945 年　　　　　B. 1956 年　　　　　C. 1935 年　　　　　D. 1946 年

【解析】世界上第一台计算机叫 ENIAC，1946 年 2 月 15 日在美国宾夕法尼亚大学诞生。

2. 网络操作系统除了具有通常操作系统的四大功能外，还具有的功能是（　　　）。

（参考答案：C）

　　A. 文件传输和远程键盘操作　　　　　B. 分时为多个用户服务

　　C. 网络通信和网络资源共享　　　　　D. 远程源程序开发

【解析】网络操作系统与普通操作系统相比最突出的特点是网络通信、资源共享。

3. 与十进制数 4625 等值的十六进制数为（　　　）。　　　　　　　　（参考答案：A）

　　A. 1211　　　　　B. 1121　　　　　C. 1122　　　　　D. 1221

【解析】十进制整数转换成十六进制整数的方法是"除十六取余"法，即将十进制数除以 16，得到一个商数和一个余数，再将商除以 16；这样不断地用所得的商除以 16，直到商为 0 为止。每次所得的余数即对应的十六进制整数的各位数字（从低到高）。

4. 两个软件都属于系统软件的是（　　　）。　　　　　　　　　　　　（参考答案：B）

　　A. DOS 和 Excel　　B. DOS 和 UNIX　　C. UNIX 和 WPS　　D. Word 和 Linux

【解析】DOS 是一种单用户操作系统，而 UNIX 是目前最流行的分时操作系统。

5. 数据传输速率的单位是（　　　）。　　　　　　　　　　　　　　　（参考答案：A）

　　A. 位/秒　　　　　B. 字长/秒　　　　　C. 帧/秒　　　　　D. 米/秒

【解析】数字通道中，用数据传输速率表示信道的传输能力，即每秒传输的二进制位数。

6. 以下上网方式中采用无线网络传输技术的是（　　　）。　　　　　　（参考答案：B）

　　A. ADSL　　　　　B. Wi-Fi　　　　　C. 拨号接入　　　　　D. 以上都是

【解析】Wi-Fi 是一种可以将个人计算机、手持设备（如 PDA、手机）等终端以无线方式互相连接的技术。

　　电话拨号接入即 Modem（调制解调器）拨号接入，是指将已有的电话线路，通过安装在计算机上的 Modem，拨号连接到互联网服务提供商（ISP）从而享受互联网服务的一种上网接入方式。

目前用电话线接入因特网的主流技术是 ADSL（非对称数字用户线路）。采用 ADSL 接入因特网，除了一台带有网卡的计算机和一条直拨电话线外，还需要向电信部门申请 ADSL 业务。由相关服务部门负责安装话音分离器、ADSL 调制调解器和拨号软件。完成安装后，就可以根据提供的用户名和口令拨号上网了。

7. 下列属于计算机程序设计语言的是（　　　）。　　　　　　　　　　（参考答案：B）

    A．ACDSee　　　　B．Visual Basic　　　C．Wave Edit　　　　D．WinZip

【解析】计算机高级语言的种类很多，目前常见的有 Pascal、C、C++、Visual Basic、Visual C、Java 等。

8. HTTP 是（　　　）。　　　　　　　　　　　　　　　　　　　　（参考答案：D）

    A．网址　　　　　　B．域名　　　　　　C．高级语言　　　　D．超文本传输协议

【解析】超文本传输协议（HTTP）是一种通信协议，它允许将超文本置标语言（HTML）文档从 Web 服务器传送到 Web 浏览器。

9. Internet 中，用于实现域名和 IP 地址转换的是（　　　）。　　　　（参考答案：B）

    A．SMTP　　　　　B．DNS　　　　　　C．FTP　　　　　　D．HTTP

【解析】从域名到 IP 地址或者从 IP 地址到域名的转换由域名解析服务器（Domain Name Server，DNS）完成。

10. 关于因特网防火墙，下列叙述错误的是（　　　）。　　　　　　　（参考答案：C）

    A．为单位内部网络提供了安全边界

    B．防止外界入侵单位内部网络

    C．可以阻止来自内部的威胁与攻击

    D．可以使用过滤技术在网络层对数据进行选择

【解析】防火墙的缺陷包括：防火墙无法阻止绕过防火墙的攻击，防火墙无法阻止来自内部的威胁，防火墙无法防止病毒感染程序或文件的传输。

11. 磁盘的存取单位是（　　　）。　　　　　　　　　　　　　　　　（参考答案：C）

    A．柱面　　　　　　B．磁道　　　　　　C．扇区　　　　　　D．字节

【解析】磁盘与主机交换信息是以扇区为单位进行的。

12. 在 24×24 点阵字库中，每个汉字的字模信息存储在（　　　）字节中。

　　　　　　　　　　　　　　　　　　　　　　　　　　　　　　　　（参考答案：C）

    A．24　　　　　　　B．48　　　　　　　C．72　　　　　　　D．12

【解析】24×24 点阵共 576 个点，需要 576 位二进制位表示一个汉字的字模。因 8 位二进制位组成 1 字节，所以有 72 字节。

13. 当前普遍使用的微机均属于（　　　）。　　　　　　　　　　　　（参考答案：A）

    A．32 位机　　　　B．64 位机　　　　C．16 位机　　　　　D．8 位机

【解析】字长越长，计算机的运算精度就越高，处理能力就越强。通常情况下，字长总是 8 的整倍数。

14. 液晶显示器（LCD）的主要技术指标不包括（　　　）。　　　　　（参考答案：D）

    A．显示分辨率　　　　　　　　　　B．显示速度

    C．亮度和对比度　　　　　　　　　D．存储容量

【解析】液晶显示器的主要技术指标包括：分辨率、显示速度、亮度和对比度。

15. 下列设备中，既可做输入设备，又可做输出设备的是（　　　）。　　（参考答案：B）

A. 图形扫描仪　　　B. 磁盘驱动器　　　　　C. 绘图仪　　　　　　D. 显示器

【解析】磁盘驱动器既可用来读取磁盘信息，亦可向磁盘写入信息。

16. 计算机病毒可以使整个计算机瘫痪，危害极大，计算机病毒是（　　　）。

（参考答案：B）

  A. 一种芯片　　　　　　　　　　　　B. 一段特制的程序

  C. 一种生物病毒　　　　　　　　　　D. 一条命令

【解析】计算机病毒实际上是一种人为制造的特殊的计算机程序。

17. 电子计算机的发展按其采用的逻辑器件可分（　　　）个阶段。　（参考答案：C）

  A. 2　　　　　B. 3　　　　　C. 4　　　　　D. 5

【解析】这里是按照电子计算机所采用的电子元件不同来划分的，根据这个原则可以划分为4 个阶段。

18. TCP 的主要功能是（　　　）。　　　　　　　　　　　　　　（参考答案：B）

  A. 进行数据分组　　　　　　　　　　B. 保证可靠的数据传输

  C. 确定数据传输路径　　　　　　　　D. 提高数据传输速率

【解析】TCP/IP 是指传输控制协议/网际协议，它的主要功能是保证可靠的数据传输。

19. 下列不属于微机主要性能指标的是（　　　）。　　　　　　（参考答案：C）

  A. 字长　　　　B. 内存容量　　　　C. 软件数量　　　　D. 主频

【解析】软件数量取决于用户自行安装的多少，与计算机性能无关。

20. ROM 中的信息是（　　　）。　　　　　　　　　　　　　　（参考答案：A）

  A. 由计算机制造厂预先写入

  B. 在系统安装时写入

  C. 根据用户的需求，由用户随时写入

  D. 由程序临时存入

【解析】ROM（Read Only Memory），即只读存储器，其中存储的内容只能供反复读出，而不能重新写入。因此在 ROM 中存放的是固定不变的程序与数据，其优点是切断机器电源后，ROM 中的信息仍然保留，不会改变。

21. 下列 4 条叙述中，正确的一条是（　　　）。　　　　　　　（参考答案：C）

  A. 计算机系统是由主机、外设和系统软件组成的

  B. 计算机系统是由硬件系统和应用软件组成的

  C. 计算机系统是由硬件系统和软件系统组成的

  D. 计算机系统是由微处理器、外设和软件系统组成的

【解析】计算机系统是一个整体，既包括硬件也包括软件，两者不可分割。计算机系统由硬件（Hardware）和软件（Software）两大部分组成。

22. 下列 4 种存储器中，存取速度最快的是（　　　）。　　　　　（参考答案：D）

  A. 磁带　　　　B. U 盘　　　　　C. 硬盘　　　　　D. 内存储器

【解析】计算机读取和写入数据都是在内存中完成的，它的存取时间是几个选项中最快的。

23. 一般情况下，外存储器中存储的信息，在断电后（　　　）。　　（参考答案：D）

  A. 局部丢失　　　B. 大部分丢失　　　C. 全部丢失　　　D. 不会丢失

【解析】内存的信息是临时性信息，断电后会全部丢失；而外存中的信息不会丢失。

24. 假设某台式计算机的内存储器容量为 256 MB，硬盘容量为 20 GB。硬盘的容量是内

存容量的（　　）。　　　　　　　　　　　　　　　　　　　　（参考答案：C）

  A. 40 倍　　　　　B. 60 倍　　　　　C. 80 倍　　　　　D. 100 倍

 【解析】常用的存储容量单位有：B（字节）、KB（千字节）、MB（兆字节）、GB（吉字节）。它们之间的关系为：

1 B=8 bit；

1 KB=1 024 B；

1 MB=1 024 KB；

1 GB=1 024 MB。

25. 把内存中的数据保存到硬盘上的操作称为（　　）。　　　　　（参考答案：B）

  A. 显示　　　　　B. 写盘　　　　　C. 输入　　　　　D. 读盘

 【解析】写盘就是通过磁头往媒介写入信息数据的过程；读盘就是磁头读取存储在媒介上的数据的过程，如硬盘磁头读取硬盘中的信息数据、光盘磁头读取光盘信息等。

26. 操作系统的功能是（　　）。　　　　　　　　　　　　　　（参考答案：C）

  A. 将源程序编译成目标程序

  B. 负责外设与主机之间的信息交换

  C. 控制和管理计算机系统的各种硬件和软件资源的使用

  D. 负责诊断机器的故障

 【解析】操作系统的功能是控制和监督计算机各种资源协调运行。

27. 下列关于系统软件的 4 条叙述中，正确的是（　　）。　　　　（参考答案：A）

  A. 系统软件的核心是操作系统

  B. 系统软件是与具体硬件逻辑功能无关的软件

  C. 系统软件是使用应用软件开发的软件

  D. 系统软件并不具体提供人机界面

 【解析】计算机由硬件系统和软件系统组成，而软件系统又包括系统软件和应用软件。系统软件有操作系统和语言处理系统。

28. 以下不属于系统软件的是（　　）。　　　　　　　　　　　（参考答案：D）

  A. DOS　　　　　B. Windows 3.2　　　　C. Windows 7　　　　D. Excel

 【解析】前 3 项都是操作系统软件，Excel 是应用软件。

29. 计算机中对数据进行加工与处理的部件，通常称为（　　）。　（参考答案：A）

  A. 运算器　　　　B. 控制器　　　　C. 显示器　　　　D. 存储器

 【解析】运算器是计算机处理数据形成信息的加工厂，主要功能是对二进制数码进行算术运算或逻辑运算。

30. 为了防止信息被别人窃取，可以设置开机密码，下列密码设置最安全的是（　　）。

（参考答案：B）

  A. 12345678　　　B. nd@YZ@g1　　　C. NDYZ　　　　D. yingzhong

 【解析】密码强度是对密码安全性给出的评级。一般来说，密码强度越高，密码就越安全。高强度的密码应该是包括大小写字母、数字和符号，且长度不宜过短。在本题中，nd@YZ@g1 采取大小写字母、数字和字符相结合的方式，相对其他选项来说密码强度要高，因此密码设置最安全。

31. 一张磁盘上存储的内容，在该盘处于（　　）情况时，其中数据可能丢失。
（参考答案：C）

    A. 放置在声音嘈杂的环境中若干天后

    B. 携带通过海关的 X 射线监视仪后

    C. 被携带到强磁场附近后

    D. 与大量磁盘堆放在一起后

【解析】磁盘是在金属或塑料片上涂一层磁性材料制成的，由于强大磁场的影响，可能会改变磁盘中的磁性结构。

32. 防火墙是指（　　）。
（参考答案：C）

    A. 一个特定软件　　　　　　　　B. 一个特定硬件

    C. 执行访问控制策略的一组系统　　D. 一批硬件的总称

【解析】防火墙是指为了增强机构内部网络的安全性而设置在不同网络或网络安全域之间的一系列部件的组合。它可以通过监测、限制、更改跨越防火墙的数据流，尽可能地对外部屏蔽网络内部的信息、结构和运行状况，以此来实现网络的安全防护。

33. 下列关于计算机的叙述中，正确的是（　　）。
（参考答案：B）

    A. 存放由存储器取得指令的部件是指令计数器

    B. 计算机中的各个部件依靠总线连接

    C. 十六进制转换成十进制的方法是"除 16 取余法"

    D. 多媒体技术的主要特点是数字化和集成性

【解析】多媒体技术的主要特点是集成性和交互性；存放由存储器取得指令的部件是指令寄存器；十六进制转换成十进制的方法是按权展开法，十进制转换成十六进制的方法是"除 16 取余法"。

34. 计算机网络是一个（　　）。
（参考答案：C）

    A. 管理信息系统　　　　　　　　B. 编译系统

    C. 在协议控制下的多机互联系统　　D. 网上购物系统

【解析】计算机网络是指分布在不同地理位置上的具有独立功能的多个计算机系统，通过通信设备和通信线路相互连接起来，在网络软件的管理下实现数据传输和资源共享的系统。计算机网络是计算机网络技术和通信技术相结合的产物。

35. 国际上对计算机进行分类的依据是（　　）。
（参考答案：C）

    A. 计算机的型号　B. 计算机的速度　C. 计算机的性能　D. 计算机生产厂家

【解析】国际上根据计算机的性能指标和应用对象，将计算机分为超级计算机、大型计算机、小型计算机、微型计算机和工作站。

36. 下列软件中，不是系统软件的是（　　）。
（参考答案：C）

    A. 操作系统　　B. 语言处理程序　C. 指挥信息系统　D. 数据库管理系统

【解析】系统软件包括：操作系统、语言处理程序、数据库管理系统和自我诊断程序。

37. 以下属于高级语言的是（　　）。
（参考答案：B）

    A. 机器语言　　B. C 语言　　　C. 汇编语言　　D. 以上都是

【解析】机器语言和汇编语言都是低级语言，而高级语言是一种用表达各种意义的词和数学公式按照一定的语法规则编写程序的语言，其中比较具有代表性的语言有 FORTRAN、C、C++等。

38. Pentium 4/2.3G 是一种 CPU 芯片型号。其中 2.3G 是指该芯片的（　　）。
（参考答案：B）

A. 内存容量为 2.3 GB　　　　　B. 主频为 2.3 GHz

C. 字长为 2.3 位　　　　　　　D. 型号为 4.23

【解析】2.3G 是指 CPU 的时钟频率，即主频，单位是 Hz。

39. 计算机的基本配置包括（　　　）。　　　　　　　（参考答案：C）

A. 主机、键盘和显示器　　　　B. 计算机与外围设备

C. 硬件系统和软件系统　　　　D. 系统软件与应用软件

【解析】计算机总体而言是由硬件系统和软件系统组成的。

40. 把计算机与通信介质相连并实现局域网络通信协议的关键设备是（　　　）。

（参考答案：D）

A. 串行输入口　　B. 多功能卡　　C. 电话线　　D. 网卡（网络适配器）

【解析】实现局域网通信的关键设备是网卡。

41. CPU 能够直接访问的存储器是（　　　）。　　　　（参考答案：C）

A. 软盘　　　　B. 硬盘　　　　C. RAM　　　　D. CD-ROM

【解析】CPU 读取和写入数据都是通过内存来完成的。

42. 以下有关计算机病毒的描述，不正确的是（　　　）。　　（参考答案：A）

A. 是特殊的计算机部件　　　　B. 传播速度快

C. 是人为编制的特殊程序　　　D. 危害大

【解析】计算机病毒是一种特殊的计算机程序。

43. 在 ENIAC 的研制过程中，美籍匈牙利数学家提出了非常重要的改进意见，他是（　　　）。

（参考答案：A）

A. 冯·诺依曼　　B. 阿兰·图灵　　C. 古德·摩尔　　D. 以上都不是

【解析】1946年，冯·诺依曼和他的同事们设计出的逻辑结构（即冯·诺依曼结构）对后来计算机的发展影响深远。

44. 根据 Internet 的域名代码规定，表示商业组织网站的是（　　　）。（参考答案：B）

A. .net　　　　B. .com　　　　C. .gov　　　　D. .org

【解析】根据 Internet 的域名代码规定，域名中的.net 表示网络中心，.com 表示商业组织，.gov 表示政府部门，.org 表示其他组织。

45. 计算机软件系统包括（　　　）。　　　　　　　（参考答案：A）

A. 系统软件和应用软件　　　　B. 编辑软件和应用软件

C. 数据库软件和工具软件　　　D. 程序和数据

【解析】计算机软件系统包括系统软件和应用软件两大类。

46. WPS 2000、Word 2010 等字处理软件属于（　　　）。　（参考答案：C）

A. 管理软件　　B. 网络软件　　C. 应用软件　　D. 系统软件

【解析】字处理软件属于应用软件类。

47. 下列各项中，不能作为 Internet 的 IP 地址的是（　　　）。（参考答案：C）

A. 202.96.12.14　　　　　　　B. 202.196.72.140

C. 112.256.23.8　　　　　　　D. 201.124.38.79

【解析】IP 地址由 32 位二进制数组成（占 4 个字节）也可用十进制数表示，每个字节之间用“.”分隔开，每个字节内的数值范围是 0～255。

48. CPU 的主要组成有运算器和（　　　）。　　　　　（参考答案：A）

A. 控制器　　　　B. 存储器　　　　C. 寄存器　　　　D. 编辑器

【解析】CPU 即中央处理器，主要包括运算器（ALU）和控制器（CU）两大部件。

49. 为了防止计算机病毒的传染，应该做到（　　　）。　　　（参考答案：A）

A. 不要复制来历不明的 U 盘上的程序

B. 对长期不用的 U 盘要经常格式化

C. 对 U 盘上的文件要经常重新复制

D. 不要把无病毒的 U 盘与来历不明的 U 盘放在一起

【解析】病毒可以通过读写 U 盘感染，所以最好的方法是不用来历不明的 U 盘。

50. 下列关于计算机的叙述中，不正确的是（　　　）。　　　（参考答案：A）

A. "裸机"就是没有机箱的计算机

B. 所有计算机都是由硬件和软件组成的

C. 计算机的存储容量越大，处理能力就越强

D. 各种高级语言的翻译程序都属于系统软件

【解析】"裸机"是指没有安装任何软件的机器。

51. 计算机的特点是处理速度快、计算精度高、存储容量大、可靠性高，以及（　　　）。

（参考答案：C）

A. 造价低廉　　　　　　　　　　B. 便于大规模生产

C. 适用范围广、通用性强　　　　D. 体积小巧

【解析】计算机的主要特点就是处理速度快、计算精度高、存储容量大、可靠性高、工作全自动以及适用范围广、通用性强。

52. 下列关于因特网上收/发电子邮件优点的描述中，错误的是（　　　）。（参考答案：D）

A. 不受时间和地域的限制，只要能接入因特网，就能收发电子邮件

B. 方便、快速

C. 费用低廉

D. 收件人必须在原电子邮箱申请接收电子邮件

【解析】由于电子邮件通过网络传送，具有方便、快速、不受地域或时间限制、费用低廉等优点，很受广大用户欢迎。

53. 下列属于音频文件的扩展名是（　　　）。　　　　　　　（参考答案：A）

A. .wav　　　　　B. .txt　　　　　C. .avi　　　　　D. .bmp

【解析】.wav 是音频文件扩展名，.txt 是文本文件扩展名，.avi 是视频文件扩展名，.bmp 是位图文件扩展名。

54. 内存（主存储器）比外存（辅助存储器）（　　　）。　　　（参考答案：A）

A. 读写速度快　　B. 存储容量大　　C. 可靠性高　　　D. 价格便宜

【解析】一般而言，外存的容量较大，存放长期信息，而内存是存放临时信息的区域，读写速度快，方便交换。

55. 运算器的主要功能是（　　　）。　　　　　　　　　　　（参考答案：A）

A. 实现算术运算和逻辑运算　　　　B. 保存各种指令信息供系统其他部件使用

C. 分析指令并进行译码　　　　　　D. 按主频指标规定发出时钟脉冲

【解析】运算器（ALU）是计算机处理数据形成信息的加工厂，主要功能是对二进制数码进行算术运算或逻辑运算。

56. 计算机的存储系统通常包括（　　　）。　　　　　　　　　（参考答案：A）

　　A. 内存储器和外存储器　　　　　B. U 盘和硬盘

　　C. ROM 和 RAM　　　　　　　　D. 内存和硬盘

【解析】计算机的存储系统由内存储器（主存储器）和外存储器（辅助存储器）组成。

57. 计算机病毒按照感染的方式进行分类，以下（　　　）不是其中一类。（参考答案：D）

　　A. 引导型病毒　　　　　　　　　B. 文件型病毒

　　C. 混合型病毒　　　　　　　　　D. 附件型病毒

【解析】计算机病毒按照感染的方式，可以分为引导型病毒、文件型病毒、混合型病毒、宏病毒（只感染 Word 文件）和网络病毒（蠕虫病毒是网络病毒的典型代表）。

58. 计算机网络最突出的优点是（　　　）。　　　　　　　　　（参考答案：D）

　　A. 提高可靠性　　　　　　　　　B. 提高计算机的存储容量

　　C. 运算速度快　　　　　　　　　D. 实现资源共享和快速通信

【解析】计算机网络系统具有丰富的功能，其中最主要的是资源共享和快速通信。

59. 硬盘工作时应特别注意避免（　　　）。　　　　　　　　　（参考答案：B）

　　A. 噪声　　　　B. 震动　　　　C. 潮湿　　　　D. 日光

【解析】硬盘的特点是整体性好、密封性好、防尘性能好、可靠性高，对环境要求不高。但是硬盘读取或写入数据时不宜震动，以免损坏磁头。

60. 在微型计算机系统中运行某一程序时，若内存容量不够，可以通过（　　　）的方法来解决。　　　　　　　　　　　　　　　　　　　　　　　（参考答案：A）

　　A. 扩展内存　　　B. 增加硬盘容量　C. 采用光盘　　　　D. 采用高密度软盘

【解析】如果运行某一程序时，发现所需内存容量不够，可以通过增加内存容量的方法来解决。内存储器（内存）是半导体存储器，用于存放当前运行的程序和数据，信息按存储地址存储在内存储器的存储单元中。内存储器可分为只读存储器（ROM）和随机存储器（RAM）。

61. 计算机按其性能可以分为五大类，即巨型机、大型机、小型机、微型机和（　　　）。

　　　　　　　　　　　　　　　　　　　　　　　　　　　　　（参考答案：A）

　　A. 工作站　　　　B. 超小型机　　　C. 网络机　　　　D. 以上都不是

【解析】可以按照不同的角度对计算机进行分类，按照计算机的性能分类是最常用的方法，通常可以分为巨型机、大型机、小型机、微型机和工作站。

62. 第 3 代电子计算机使用的电子元件是（　　　）。　　　　　（参考答案：C）

　　A. 晶体管　　　　　　　　　　　B. 电子管

　　C. 中、小规模集成电路　　　　　D. 大规模和超大规模集成电路

【解析】第 1 代计算机是电子管计算机，第 2 代计算机是晶体管计算机，第 3 代计算机主要元件是中、小规模集成电路，第 4 代计算机主要元件是大规模和超大规模集成电路。

63. 对计算机病毒的防治也应以"预防为主"。下列各项措施中，错误的预防措施是（　　　）。

　　　　　　　　　　　　　　　　　　　　　　　　　　　　　（参考答案：D）

　　A. 将重要数据文件及时备份到移动存储设备上

　　B. 用杀病毒软件定期检查计算机

　　C. 不要随便打开/阅读身份不明的发件人发来的电子邮件

　　D. 在硬盘中再备份一份

【解析】计算机病毒主要通过移动存储设备和计算机网络两大途径进行传播。因此，预防计

算机病毒应从切断其传播途径入手，即打开防火墙、专机专用、慎从网上下载、分类管理、用移动设备定期备份数据、定期检查。

64. 下列 4 项中，不属于计算机病毒特征的是（　　　）。　　　　　（参考答案：D）

    A. 潜伏性　　　　B. 传染性　　　　C. 寄生性　　　　D. 免疫性

【解析】计算机病毒不是真正的病毒，而是一种人为制造的计算机程序，不存在免疫性。计算机病毒的主要特征是寄生性、破坏性、传染性、潜伏性和隐蔽性。

65. 计算机辅助设计简称是（　　　）。　　　　　　　　　　　　　（参考答案：B）

    A. CAM　　　　B. CAD　　　　C. CAT　　　　D. CAI

【解析】"计算机辅助设计"英文名为 Computer Aided Design，简称 CAD。

66. 1 GB 等于（　　　）。　　　　　　　　　　　　　　　　　　（参考答案：D）

    A. 1 000×1 000 字节　　　　　　　　B. 1 000×1 000×1 000 字节

    C. 3×1 024 字节　　　　　　　　　　D. 1 024×1 024×1 024 字节

【解析】在计算机中用字节（B）表示存储容量的大小，容量较大还可以用 GB、MB、KB 来表示，它们之间的大小关系为：

1 GB=1 024 MB；

1 MB=1 024 KB；

1 KB=1 024 B。

67. 计算机用来表示存储空间大小的最基本的单位是（　　　）。　　（参考答案：C）

    A. Baud　　　　B. bit　　　　C. B　　　　D. word

【解析】计算机中最小的数据单位是 bit，但表示存储容量最基本的单位是 B。

68. 计算机能直接识别和执行的语言是（　　　）。　　　　　　　　（参考答案：A）

    A. 机器语言　　B. 高级语言　　C. 数据库语言　　D. 汇编程序

【解析】计算机唯一能识别的语言就是机器语言，其他语言必须转换成机器语言才能被计算机所识别。

69. 能保存网页地址的文件夹是（　　　）。　　　　　　　　　　　（参考答案：D）

    A. 收件箱　　　B. 公文包　　　C. 我的文档　　D. 收藏夹

【解析】IE 的收藏夹提供保存 Web 页面地址的功能。它有两个优点：① 收入收藏夹的网页地址可由浏览者给定一个简明的名字以便记忆，当鼠标指针指向此名字时，会同时显示对应的 Web 页地址。单击该名字便可转到相应的 Web 页，省去了输入地址的麻烦。② 收藏夹的机理很像资源管理器，其管理、操作都很方便。

70. 具有多媒体功能的微型计算机系统中，常用的 CD-ROM 是（　　　）。（参考答案：B）

    A. 只读型大容量软盘　　　　　　　B. 只读型光盘

    C. 只读型硬盘　　　　　　　　　　D. 半导体只读存储器

【解析】CD-ROM，即 Compact Disc Read Only Memory——只读型光盘。

71. 微型计算机硬件系统中最核心的部件是（　　　）。　　　　　　（参考答案：B）

    A. 主板　　　　B. CPU　　　　C. 内存储器　　D. I/O 设备

【解析】CPU（中央处理器）是计算机的核心部件，它的性能指标直接决定了计算机系统的性能指标。

72. 计算机在现代教育中的主要应用有计算机辅助教学、计算机模拟、多媒体教室和（　　　）。　　　　　　　　　　　　　　　　　　　　　　　　　（参考答案：A）

    A. 网上教学和电子大学   B. 家庭娱乐

    C. 电子试卷   D. 以上都不是

【解析】计算机在现代教育中的主要应用就是计算机辅助教学、计算机模拟、多媒体教室以及网上教学、电子大学。

73. 根据汉字国标码 GB 2312—1980 的规定，将汉字分为常用汉字（一级）和次常用汉字（二级）两级汉字。一级常用汉字使用的排序方法是（   ）。   （参考答案：D）

    A. 部首顺序   B. 笔画多少

    C. 使用频率多少   D. 汉语拼音字母顺序

【解析】我国国家标准局于 1981 年 5 月颁布《信息交换用汉字编码字符集　基本集》共对 6 763 个汉字和 682 个非汉字图形符号进行了编码。根据使用频率将 6 763 个汉字分为两级：一级为常用汉字 3 755 个，按汉语拼音字母顺序排列，同音字以笔画顺序排列。二级为次常用汉字 3 008 个，按部首和笔画排列。

74. 20 GB 的硬盘表示容量约为（   ）。   （参考答案：C）

    A. 20 亿字节   B. 20 亿个二进制位

    C. 200 亿字节   D. 200 亿个二进制位

【解析】20 GB=20 × 1 024 MB=20 × 1 024 × 1 024 KB=20 × 1 024 × 1 024 × 1 024 B= 21 474 836 480 B，所以 20 GB 的硬盘表示容量约为 200 亿字节。

75. 一台显示器的图形分辨率为 1 024×768，要求显示 256 种颜色，显示存储器的容量至少为（   ）。   （参考答案：C）

    A. 192 KB   B. 384 KB   C. 768 KB   D. 1 536 MB

【解析】256 种颜色需要 8 位二进制数表示，即 1 B，1 024×768×1 B =768 KB。

76. 下列 4 条叙述中，错误的是（   ）。   （参考答案：A）

    A. 描述计算机执行速度的单位是 MB

    B. 计算机系统可靠性指标可用平均无故障运行时间来描述

    C. 计算机系统从故障发生到故障修复平均所需的时间称为平均修复时间

    D. 计算机系统在不改变原来已有部分的前提下，增加新的部件、新的处理能力或增加新的容量的能力，称为可扩充性

【解析】MB 为表示存储容量的单位，即兆字节。

77. 计算机的应用领域可大致分为 6 个方面，下列选项中属于这几项的是（   ）。

（参考答案：C）

    A. 计算机辅助教学、专家系统、人工智能

    B. 工程计算、数据结构、文字处理

    C. 实时控制、科学计算、信息处理

    D. 数值处理、人工智能、操作系统

【解析】计算机应用的 6 个领域：科学计算、信息处理、实时控制、计算机辅助设计和辅助制造、现代教育和家庭生活。

78. 下列关于计算机的叙述中，不正确的是（   ）。   （参考答案：B）

    A. 软件就是程序、关联数据和文档的总和

    B.【Alt】键又称控制键

    C. 断电后，信息会丢失的是 RAM

    D. MIPS 是表示计算机运算速度的单位

【解析】【Alt】键又称转换键，【Ctrl】键又称控制键，【Shift】键又称上档键。

79. 微型计算机中使用的数据库属于（　　　）。　　　　　　　　　　　　（参考答案：C）

    A. 科学计算方面的计算机应用　　　　B. 过程控制方面的计算机应用

    C. 数据处理方面的计算机应用　　　　D. 辅助设计方面的计算机应用

【解析】数据处理是目前计算机应用最广泛的领域，数据库将大量的数据进行自动化管理，提高了计算机的使用效率。

80. 超文本是指（　　　）。　　　　　　　　　　　　　　　　　　　　　（参考答案：D）

    A. 该文本含有图像　　　　　　　　　B. 该文本含有二进制字符

    C. 该文本含有声音　　　　　　　　　D. 该文本含有链接到其他文本的链接点

【解析】超文本是指含有其他信息的链接指针（即超链接）的文本。

81. 下列 4 种不同数制表示的数中，数值最小的是（　　　）。　　　　　（参考答案：C）

    A. 八进制数 247　　　　　　　　　　B. 十进制数 169

    C. 十六进制数 A6　　　　　　　　　　D. 二进制数 10101000

【解析】按权展开，数值如下：247Q=167；A6H=166；10101000B=168。

82. ASCII 码分为（　　　）。　　　　　　　　　　　　　　　　　　　　（参考答案：C）

    A. 高位码和低位码　　　　　　　　　B. 专用码和通用码

    C. 7 位码和 8 位码　　　　　　　　　D. 以上都不是

【解析】ASCII 码是美国标准信息交换码，被国际标准化组织指定为国际标准，有 7 位码和 8 位码两种版本，比较常用的是 7 位码。

83. 程序设计语言通常分为（　　　）。　　　　　　　　　　　　　　　　（参考答案：C）

    A. 4 类　　　　　　B. 2 类　　　　　　C. 3 类　　　　　　D. 5 类

【解析】程序设计语言通常分为 3 类：机器语言、汇编语言和高级语言。

84. 下列不属于微机主要性能指标的是（　　　）。　　　　　　　　　　（参考答案：C）

    A. 字长　　　　　　B. 内存容量　　　　C. 软件数量　　　　D. 主频

【解析】软件数量取决于用户自行安装，与计算机性能无关。

85. 将计算机分为 286、386、486、Pentium，依据是（　　　）。　　　（参考答案：A）

    A. CPU 芯片　　　B. 结构　　　　　　C. 字长　　　　　　D. 容量

【解析】微机按 CPU 芯片分为 286 机、386 机等。

86. 微机中 1 KB 表示的二进制位数是（　　　）。　　　　　　　　　　（参考答案：D）

    A. 1 000　　　　　B. 8×1 000　　　　C. 1 024　　　　　D. 8×1 024

【解析】8 个二进制位组成 1 字节，1 KB 共 1 024 字节。

87. 以下不是预防计算机病毒措施的是（　　　）　　　　　　　　　　　（参考答案：C）

    A. 建立备份　　　　B. 专机专用　　　　C. 不上网　　　　　D. 定期检查

【解析】网络是病毒传播的最大来源，预防计算机病毒的措施很多，但是采用不上网的措施显然是防卫过度。

88. 下列字符中，其 ASCII 码值最大的是（　　　）。　　　　　　　　　（参考答案：D）

    A. 9　　　　　　　　B. D　　　　　　　　C. a　　　　　　　　D. y

【解析】字符对应数值的关系是"小写字母比大写字母对应的数大，字母中越往后越大"。推算得知 y 最大。

89.《计算机软件保护条例》中所称的计算机软件（简称"软件"）是指（　　）。

（参考答案：D）

A. 计算机程序　　　　　　　　　B. 源程序和目标程序

C. 源程序　　　　　　　　　　　D. 计算机程序及其有关文档

【解析】所谓软件是指为方便使用计算机和提高使用效率而编制的程序，以及用于程序开发、使用、维护的有关文档。

90. 在 ASCII 码表中，按照 ASCII 码值从小到大排列顺序是（　　）。　（参考答案：A）

A. 数字、英文大写字母、英文小写字母

B. 数字、英文小写字母、英文大写字母

C. 英文大写字母、英文小写字母、数字

D. 英文小写字母、英文大写字母、数字

【解析】在 ASCII 码中，有 4 组字符：一组是控制字符，如 LF、CR 等，其对应 ASCII 码值最小；第 2 组是数字 0 ~ 9，第 3 组是大写字母 A ~ Z，第 4 组是小写字母 a ~ z。这 4 组对应的值逐渐变大。

91. 下列关于计算机的叙述中，不正确的是（　　）。　　　　　（参考答案：A）

A. 运算器主要由一个加法器、一个寄存器和控制线路组成

B. 1 字节等于 8 个二进制位

C. CPU 是计算机的核心部件

D. 磁盘存储器是一种输出设备

【解析】运算器主要由一个加法器、若干个寄存器和一些控制线路组成；磁盘存储器既是一种输入设备，也是一种输出设备。

92. 用户在 ISP 注册拨号入网后，其电子邮箱建在（　　）。　　（参考答案：C）

A. 用户的计算机上　　　　　　　B. 发信人的计算机上

C. ISP 的主机上　　　　　　　　D. 收信人的计算机上

【解析】要想通过 Internet 收发电子邮件，必须具备以下两个条件：第一，计算机已经通过局域网或调制解调器连入；第二，至少在一台电子邮箱服务器上具有一个电子邮箱账号，可以从 ISP（Internet 服务提供商）或局域网（LAN）管理员那里得到。因此用户在 ISP 注册拨号入网后，其电子邮箱建在 ISP 的主机上。

93. 高速缓冲存储器是为了解决（　　）。　　　　　　　　　　（参考答案：C）

A. 内存与辅助存储器之间速度不匹配问题

B. CPU 与辅助存储器之间速度不匹配问题

C. CPU 与内存储器之间速度不匹配问题

D. 主机与外设之间速度不匹配问题

【解析】CPU 主频不断提高，RAM 的存取速度更快，为协调 CPU 与 RAM 之间的速度差问题，设置了高速缓冲存储器（Cache）。

94. 1983 年，我国第一台亿次巨型电子计算机诞生，它的名称是（　　）。

（参考答案：D）

A. 东方红　　　　B. 神威　　　　C. 曙光　　　　D. 银河

【解析】1983 年底，我国第一台名叫"银河"的亿次巨型电子计算机诞生，标志着我国计算机技术的发展进入一个崭新的阶段。

95. 为了提高软件开发效率，开发软件时应尽量采用（　　　）。　　　　（参考答案：D）

　　A. 汇编语言　　　B. 机器语言　　　C. 指令系统　　　D. 高级语言

【解析】所谓高级语言是一种用表达各种意义的词和数学公式按照一定的语法规则编写程序的语言。高级语言的使用，大大提高了编写程序的效率，改善了程序的可读性。

机器语言是计算机唯一能够识别并直接执行的语言。由于机器语言中每条指令都是一串二进制代码，因此可读性差，不易记忆；编写程序既难又繁，容易出错；程序的调试和修改难度也很大。

汇编语言不再使用难以记忆的二进制代码，而是使用比较容易识别、记忆的助记符号。汇编语言和机器语言的性质差不多，只是表示方法上的改进。

96. 目前各部门广泛使用的人事档案管理、财务管理等软件，应属于计算机应用中的（　　　）。　　　　（参考答案：D）

　　A. 实时控制　　　　　　　　　B. 科学计算

　　C. 计算机辅助工程　　　　　　D. 数据处理

【解析】数据处理是计算机应用的一个重要领域，数据处理用来泛指非科学工程方面的所有计算管理和操纵任何形式的数据。

97. 五笔字型输入法是（　　　）。　　　　（参考答案：B）

　　A. 音码　　　　　B. 形码　　　　　C. 混合码　　　　　D. 音形码

【解析】全拼输入法和双拼输入法是根据汉字的发音进行编码的，称为音码；五笔字型输入法是根据汉字的字形结构进行编码的，称为形码；自然码输入法兼顾音、形编码，称为音形码。

98. 最著名的国产文字处理软件是（　　　）。　　　　（参考答案：B）

　　A. MS Word　　　B. 金山 WPS　　　C. 写字板　　　D. 方正排版

【解析】金山公司出品的 WPS 办公软件套装是我国最著名的民族办公软件品牌。

99. 以下关于病毒的描述中，正确的说法是（　　　）。　　　　（参考答案：B）

　　A. 只要不上网，就不会感染病毒

　　B. 安装最好的杀毒软件，也有可能感染病毒

　　C. 严禁在计算机上玩游戏也是预防病毒的一种手段

　　D. 所有的病毒都会导致计算机越来越慢，甚至可能使系统崩溃

【解析】病毒的传播途径很多，网络是一种，但不是唯一的一种；再好的杀毒软件都不能清除所有的病毒；病毒的发作情况都不一样。

100. 假设给定一个十进制整数 D，转换成对应的二进制整数 B，那么就这两个数字的位数而言，B 与 D 相比（　　　）。　　　　（参考答案：C）

　　A. B 的位数大于 D　　　　　　B. D 的位数大于 B

　　C. B 的位数大于等于 D　　　　D. D 的位数大于等于 B

【解析】二进制数中出现的数字字符只有两个：0 和 1。每一位计数的原则为"逢二进一"。所以，当 D>1 时，其相对应的 B 的位数必多于 D 的位数；当 D = 0,1 时，则 B 与 D 的位数相同。

1.2　考题练习

1. 操作系统最基本的特征是（　　　）。

　　A. 并发和共享　　　B. 共享和虚拟　　　C. 虚拟和异步　　　D. 异步和并发

2. 一个计算机操作系统通常应具有（　　　　）。
   A. CPU 的管理、显示器管理、键盘管理、打印机和鼠标管理等五大功能
   B. 硬盘管理、软盘驱动器管理、CPU 的管理、显示器管理和键盘管理等五大功能
   C. 处理器（CPU）管理、存储管理、文件管理、输入/输出管理和作业管理五大功能
   D. 计算机启动、打印、显示、文件存取和关机等五大功能

3. 下列属于"计算机安全设置"的是（　　　　）。
   A. 定期备份重要数据　　　　　　　　　B. 不下载来路不明的软件及程序
   C. 停掉 Guest 账号　　　　　　　　　　D. 安装杀毒软件

4. 调制调解器（Modem）的作用是（　　　　）。
   A. 将计算机的数字信号转换成模拟信号
   B. 将模拟信号转换成计算机的数字信号
   C. 将计算机的数字信号和模拟信号互相转换
   D. 为了上网与接电话两不误

5. 1 MB 的准确数量是（　　　　）。
   A. 1 024 × 1 024 word　　　　　　　　B. 1 024 × 1 024 B
   C. 1 000 × 1 000 B　　　　　　　　　　D. 1 000 × 1 000 word

6. 下列关于世界上第一台电子计算机 ENIAC 的叙述中，（　　　　）是错误的。
   A. ENIAC 是 1946 年在美国诞生的
   B. 它主要采用电子管和继电器
   C. 它首次采用存储程序和程序控制使计算机自动工作
   D. 它主要用于弹道计算

7. 一般而言，Internet 环境中的防火墙建立在（　　　　）。
   A. 每个子网的内部　　　　　　　　　　B. 内部子网之间
   C. 内部网络与外部网络的交叉点　　　　D. 以上全部

8. 无线移动网络最突出的优点是（　　　　）。
   A. 资源共享和快速传输信息　　　　　　B. 提供随时随地的网络服务
   C. 文件检索和网络聊天　　　　　　　　D. 共享文件和收发邮件

9. 下列存储器中，属于外部存储器的是（　　　　）。
   A. ROM　　　　　B. RAM　　　　　C. Cache　　　　　D. 硬盘

10. 40 GB 是 256 MB 的（　　　　）。
    A. 160 倍　　　　　B. 320 倍　　　　　C. 80 倍　　　　　D. 240 倍

11. 计算机连接局域网，需要（　　　　）。
    A. 网桥　　　　　B. 网关　　　　　C. 网卡　　　　　D. 路由器

12. 在因特网上，一台计算机可以作为另一台主机的远程终端，从而使用该主机的资源，该项服务称为（　　　　）。
    A. Telnet　　　　　B. BBS　　　　　C. FTP　　　　　D. Gopher

13. 下列各组软件中，全部属于应用软件的是（　　　　）。
    A. 程序语言处理程序、数据库管理系统、财务处理软件
    B. 文字处理程序、编辑程序、UNIX 操作系统
    C. 管理信息系统、办公自动化系统、电子商务软件

　　D. Word 2010、Windows XP、指挥信息系统

14. 有一个域名为 bit.edu.cn，根据域名代码规定，此域名表示（　　　）。
　　A. 政府机关　　　B. 商业组织　　　C. 军事部门　　　D. 教育部门

15. 下列计算机应用项目中，属于科学计算应用领域的是（　　　）。
　　A. 人机对弈　　　　　　　　　　B. 民航联网订票系统
　　C. 气象预报　　　　　　　　　　D. 数控机床

16. 下列关于电子邮件的说法，正确的是（　　　）。
　　A. 收件人必须有 E-mail 账号，发件人可以没有 E-mail 账号
　　B. 发件人必须有 E-mail 账号，收件人可以没有 E-mail 账号
　　C. 发件人和收件人均必须有 E-mail 账号
　　D. 发件人必须知道收件人的邮政编码

17. 10 GB 是（　　　）B。
　　A. 10×220　　　　　　　　　　B. 10×230
　　C. 10×240　　　　　　　　　　D. 以上都不正确

18. 计算机软件分系统软件和应用软件两大类，其中（　　　）是系统软件的核心。
　　A. 数据库管理系统　　　　　　　B. 操作系统
　　C. 程序语言系统　　　　　　　　D. 财务管理系统

19. 计算机病毒最重要的特点是（　　　）。
　　A. 可执行　　　B. 可传染　　　C. 可保存　　　D. 可复制

20. 3 种主要的有线网络传输介质是（　　　）。
　　A. 光纤　　同轴电缆　　双绞线　　　B. 电话线　　双绞线　　光纤
　　C. 电话线　　同轴电缆　　双绞线　　D. 电话线　　光纤　　　同轴电缆

21. 要在 Web 浏览器中查看某一电子商务公司的主页，应知道（　　　）。
　　A. 该公司的电子邮箱地址　　　　B. 该公司法人的电子邮箱
　　C. 该公司的 WWW 地址　　　　　D. 该公司法人的 QQ 号

22. 防火墙用于将 Internet 和内部网络隔离，因此它是（　　　）。
　　A. 防止 Internet 火灾的硬件设施
　　B. 抗电磁干扰的硬件设施
　　C. 保护网线不受破坏的软件和硬件设施
　　D. 网络安全和信息安全的软件和硬件设施

23. 根据 Internet 的域名代码规定，域名中的（　　　）表示商业组织的网站。
　　A. .net　　　　　B. .com　　　　　C. .gov　　　　　D. .org

24. 操作系统的主要功能是（　　　）。
　　A. 对用户的数据文件进行管理，为用户管理文件提供方便
　　B. 对计算机的所有资源进行控制和管理，为用户使用计算机提供方便
　　C. 对源程序进行编译和运行
　　D. 对汇编语言程序进行翻译

25. 计算机网络最突出的优点是（　　　）。
　　A. 精度高　　　B. 容量大　　　C. 运算速度快　　D. 共享资源

26. Internet 是目前世界上第一大互联网，它源于美国，其雏形是（　　　）。

  A. CERnet   B. NCPC 网   C. ARPAnet   D. GBNKT 网

27. 一个完整的计算机软件应包含（   ）。

  A. 系统软件和应用软件   B. 数据库软件和工具软件

  C. 程序、相应数据和文档   D. 编辑软件和应用软件

28. 下列设备中，多媒体计算机所用的设备是（   ）。

  A. 打印机   B. 鼠标   C. 键盘   D. 视频卡

29. 为防止计算机硬件的突然故障或病毒入侵的破坏，对于重要的数据文件和工作资料在每次工作结束后，通常应（   ）。

  A. 保存在硬盘之中   B. 复制到 U 盘中作为备份保存

  C. 全部打印出来   D. 压缩后保存到硬盘

30. 下面关于 USB 的叙述中，错误的是（   ）。

  A. USB 的中文名为"通用串行总线"

  B. USB 2.0 的数据传输速率远远高于 USB 1.1

  C. USB 具有热插拔与即插即用的功能

  D. USB 接口连接的外围设备（如移动硬盘、U 盘等）必须另外供应电源

31. 浏览器与 WWW 服务器的连接使用的协议是（   ）。

  A. HTTP   B. FTP   C. TCP   D. TCP\IP

32. 计算机最主要的工作特点是（   ）。

  A. 存储程序与自动控制   B. 高速度与高精度

  C. 可靠性与可用性   D. 有记忆能力

33. IP 地址用 4 组十进制数表示，每组数字的取值范围是（   ）。

  A. 0 ~ 127   B. 0 ~ 128   C. 0 ~ 255   D. 0 ~ 256

34. 以下名称是手机中的常用软件，属于系统软件的是（   ）。

  A. 手机 QQ   B. Android   C. Skype   D. 微信

35. 下列选项中，不属于 Internet 应用的是（   ）。

  A. 新闻组   B. 远程登录   C. 网络协议   D. 搜索引擎

36. 计算机之所以按人们的意志自动进行工作，最直接的原因是采用了（   ）。

  A. 二进制数制   B. 高速电子元件   C. 存储程序控制   D. 程序设计语言

37. 在 Internet 应用中，文件传输是指（   ）。

  A. HTML   B. SMPT   C. FTP   D. POP

38. 下列术语中，属于显示器性能指标的是（   ）。

  A. 速度   B. 可靠性   C. 分辨率   D. 精度

39. Pentium 4/1.7G 中的 1.7G 表示（   ）。

  A. CPU 的运算速度为 1.7 GMIPS   B. CPU 为 Pentium 4 的 1.7 GB 系列

  C. CPU 的时钟主频为 1.7 GHz   D. CPU 与内存间的数据交换速率是 1.7 GB/s

40. 下列关于计算机病毒的叙述中，正确的是（   ）。

  A. 反病毒软件可以查、杀任何种类的病毒

  B. 计算机病毒是一种被破坏了的程序

  C. 反病毒软件必须随着新病毒的出现而升级，提高查、杀病毒的能力

  D. 感染过计算机病毒的计算机具有对该病毒的免疫性

41. 下列各项中,(　　　)能作为电子邮箱地址。

  A. L202@263.NET   B. TT202#YAHOO

  C. A112.256.23.8   D. K201&YAHOO.COM.CN

42. 在微机的硬件设备中,有一种设备在程序设计中既可以当作输出设备,又可以当作输入设备,这种设备是(　　　)。

  A. 绘图仪   B. 扫描仪   C. 手写笔   D. 磁盘驱动器

43. 数码照相机中的照片可以利用计算机软件进行处理,计算机的这种应用属于(　　　)。

  A. 图像处理   B. 实时控制   C. 嵌入式系统   D. 辅助设计

44. 铁路联网售票系统属于计算机应用中的(　　　)。

  A. 科学计算   B. 辅助设计   C. 信息处理   D. 实时控制

45. 当一个应用程序被最小化后,则该应用程序将(　　　)。

  A. 不占用内存   B. 被终止运行   C. 被暂停运行   D. 被转后台运行

46. 字长是 CPU 的主要性能指标之一,它表示(　　　)。

  A. CPU 一次能处理二进制数据的位数

  B. 最长的二进制整数的位数

  C. 最大的有效数字位数

  D. 计算结果的有效数字长度

47. 计算机病毒除通过有病毒的 U 盘传播外,另一条可能途径是通过(　　　)进行传播。

  A. 网络   B. 电源电缆   C. 键盘   D. 输入不正确的程序

48. 计算机宏病毒主要感染(　　　)类文件。

  A. EXE   B. COM   C. TXT   D. DOC

49. 正确的电子邮箱地址的格式是(　　　)。

  A. 用户名+计算机名+机构名+最高域名

  B. 用户名+@+计算机名+机构名+最高域名

  C. 用户名+机构名+最高域名+用户名

  D. 用户名+@ +机构名+最高域名+用户名

50. Internet 实现了分布在世界各地的各类网络的互连,其最基础和核心的协议是(　　　)

  A. HTTP   B. FTP   C. HTML   D. TCP/IP

51. 在计算机网络中,通常把提供并管理共享资源的计算机称为(　　　)。

  A. 服务器   B. 工作站   C. 网关   D. 网桥

52. 下列叙述中,(　　　)是正确的。

  A. 反病毒软件总是超前于病毒的出现,它可以查、杀任何种类的病毒

  B. 任何一种反病毒软件总是滞后于计算机新病毒的出现

  C. 感染过计算机病毒的计算机具有对该病毒的免疫性

  D. 计算机病毒会危害计算机用户的健康

53. 计算机病毒的危害表现为(　　　)。

  A. 能造成计算机芯片的永久性失效

  B. 使磁盘霉变

  C. 影响程序运行,破坏计算机系统的数据与程序

  D. 切断计算机系统电源

54. 用计算机进行资料检索工作是属于计算机应用中的（　　　）。
　　A. 科学计算　　　B. 数据处理　　　C. 实时控制　　　D. 人工智能
55. 目前网络传输介质速度最快的是（　　　）。
　　A. 双绞线　　　　B. 同轴电缆　　　C. 光缆　　　　　D. 电话线
56. 某电子邮件到达时，若用户的计算机没有开机，则邮件（　　　）。
　　A. 退回给发件人　　　　　　　　B. 开机给对方重发
　　C. 该邮件丢失　　　　　　　　　D. 存放在服务商的 E-mail 服务器
57. 从某微机广告 P4-1.7G/128M/60G/40X 可看出此微机的内存是（　　　）。
　　A. 1.7 GB　　　　B. 128 MB　　　C. 60 GB　　　　D. 40X
58. 上网需要在计算机上安装（　　　）。
　　A. 数据库管理软件　　　　　　　B. 视频播放软件
　　C. 浏览器软件　　　　　　　　　D. 网络游戏软件
59. 接入因特网的每台主机都有唯一可识别的地址，称为（　　　）。
　　A. TCP 地址　　　B. IP 地址　　　C. TCP/IP 地址　　D. URL
60. 计算机中存储数据丢失的原因可能是（　　　）。
　　A. 病毒侵蚀、人为窃取　　　　　B. 计算机电磁辐射
　　C. 计算机存储硬件损坏　　　　　D. 以上全部

1.3　汉　字　输　入

汉字输入主要是要实现快速打字，常用的方法有：拼音输入法、五笔字型输入法等。

（1）输入法切换（以搜狗拼音输入法为例）：

使用键盘切换中英文输入的方法是：按【Ctrl+Space】组合键切换中英文输入法，出现输入法的状态栏，如图 1-1 所示。如果想用其他输入法，可以反复按【Ctrl+Shift】组合键，切换到其他输入法。

（2）文字的删除和插入：

删除文字时，使用键盘上的方向键将光标移动到要删除的文字右侧，再按【Backspace】键即可删除。

插入文字时，使用键盘上的方向键，将光标移动到插入文字处，输入文字，即可插入。

（3）半/全角标点符号的输入：

文字录入时，一般输入的标点符号是半角中文，输入法状态栏如图 1-1 所示。但有时也需要输入全角中文。

方法是：在输入法的状态栏中，分别单击"全/半角"按钮和"中/英文标点符号"按钮，设置全/半角和中/英文标点符号输入状态，如图 1-2 所示。

图 1-1　输入法状态栏（半角）　　　　　　图 1-2　输入法状态栏（全角）

（4）特殊符号的输入：

文字录入有时会遇到键盘上没有的特殊符号，如希腊数字、数学符号、中文的特殊标点等，

可以使用软键盘。

　　方法是：右击输入法状态栏，会弹出快捷菜单，选择"软键盘"命令，再选择需要的符号类型，单击即可选中，如图 1-3 所示。

　　例如，输入希腊数字序号Ⅳ，则选择"数字序号"选项，在屏幕右下角会弹出数字序号的软键盘，单击软键盘上的Ⅳ键即可，如图 1-4 所示。

图 1-3　软键盘菜单

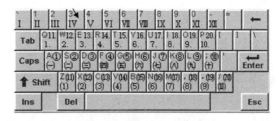

图 1-4　数字序号的软键盘

第2章

Windows 7操作实训

2.1　Windows 7基本操作

实训项目

一、实训目的

（1）掌握控制面板的使用方法。

（2）掌握桌面设置方法。

（3）掌握任务栏设置方法。

（4）掌握快捷方式的创建方法。

二、实训内容

（1）设置桌面背景（壁纸），选择"中国"下的"CN-wp3"为背景图片，显示方式为"拉伸"。

（2）设置屏幕保护程序为"气泡"，屏幕保护程序的等待时间为30分钟。

（3）设置短日期为"yyyy-MM-dd"。

（4）设置小数点为"!"。

（5）设置时间的上午符号为"AM"。

（6）设置自动隐藏任务栏。

（7）查找Windows 7提供的"Notepad.exe"，并在桌面上建立其快捷方式，快捷方式名称为"我的记事本"。

（8）在D盘根目录为Winword.exe建立快捷方式，快捷方式名称为"文字处理"。

（9）创建一个名称为"Jsj"、类型为"标准用户"、密码为"Pass678"的账户。

三、实训操作步骤

（1）设置桌面背景（壁纸），选择"中国"下的"CN-wp3"为背景图片，显示方式为"拉伸"。

① 打开"桌面背景"窗口，如图2-1所示。

方法一：右击桌面空白处，在弹出的快捷菜单中选择"个性化"命令，在打开的窗口中单击"桌面背景"链接，打开"桌面背景"窗口。

方法二：在"控制面板"窗口中，单击"外观和个性化"组中的"更改桌面背景"链接，打开"桌面背景"窗口。

② 在上方的"图片位置"下拉列表框中选择"中国"中的"CN-wp3"作为壁纸；在下方的"图片位置"下拉列表框中选择"拉伸"选项。

③ 单击"保存修改"按钮。

（2）设置屏幕保护程序为"气泡"，屏幕保护程序的等待时间为 30 分钟。

① 打开"屏幕保护程序设置"对话框，如图 2-2 所示。

方法一：右击桌面空白处，在弹出的快捷菜单中选择"个性化"命令，在弹出的窗口中单击"屏幕保护程序"链接，弹出"屏幕保护程序设置"对话框。

方法二：在"控制面板"窗口中，单击"外观和个性化"组中的"更改屏幕保护程序"链接，弹出"屏幕保护程序设置"对话框。

图 2-1　"桌面背景"窗口

图 2-2　"屏幕保护程序设置"对话框

② 在"屏幕保护程序"下拉列表框中选择"气泡"选项，将"等待"时间设为 30 分钟。

③ 先单击"应用"按钮，然后再单击"确定"按钮。

（3）设置短日期为"yyyy-MM-dd"。

① 打开"日期和时间设置"对话框，如图 2-3 所示。

方法一：首先单击任务栏右侧的"日期和时间"区域，在弹出的窗口中单击"更改日期和时间设置"链接，然后在弹出的对话框中单击"更改日期和时间"按钮，弹出"日期和时间设置"对话框。

方法二：首先单击"控制面板"窗口中的"时钟、语言和区域"链接，在弹出的窗口的右侧单击"设置时间和日期"链接，然后再在弹出的对话框中单击"更改日期和时间"按钮，弹出"日期和时间设置"对话框。

② 单击"更改日历设置"链接，在弹出的"自定义格式"对话框的"短日期"下拉列表框中选择"yyyy-MM-dd"选项，如图 2-4 所示。

③ 先单击"应用"按钮，然后再单击"确定"按钮。

（4）设置小数点为"!"。

① 打开"自定义格式"对话框，操作步骤如下：

a. 打开"控制面板"窗口，在查看方式列表中选择"类别"命令，如图 2-5 所示。

b. 单击"时钟、语言和区域"链接，弹出"时钟、语言和区域"窗口，如图 2-6 所示。

图 2-3　"日期和时间设置"对话框

图 2-4　"自定义格式"对话框

图 2-5　"控制面板"窗口

图 2-6　"时钟、语言和区域"窗口

c. 单击"更改日期、时间或数字格式"链接，弹出"区域和语言"对话框，如图 2-7 所示。

d. 单击"其他设置"按钮，则弹出"自定义格式"对话框，如图 2-8 所示。

图 2-7　"区域和语言"对话框

图 2-8　"自定义格式"对话框

② 选择"数字"选项卡，在"小数点"下拉列表框中选择或输入"!"。

③ 先单击"应用"按钮，然后再单击"确定"按钮。

（5）设置时间的上午符号为"AM"。

① 参照（4）中打开"自定义格式"对话框的方法打开"自定义格式"对话框。

② 选择"时间"选项卡，在"AM 符号"下拉列表框中选择"AM"选项，如图 2-9 所示。

③ 先单击"应用"按钮，然后再单击"确定"按钮。

（6）设置自动隐藏任务栏。右击任务栏空白处，在弹出的快捷菜单中选择"属性"命令，在弹出的对话框中选中"自动隐藏任务栏"复选框，如图 2-10 所示，单击"确定"按钮。

图 2-9　"时间"选项卡　　　　　　　图 2-10　设置自动隐藏任务栏

（7）查找 Windows 7 提供的"Notepad.exe"，并在桌面上建立其快捷方式，快捷方式名称为"我的记事本"。

单击"开始"按钮，打开"开始"菜单，在"搜索程序和文件"框中输入"notepad"，右击系统找到的 Notepad 程序，在快捷菜单中选择"发送到"→"桌面快捷方式"命令，如图 2-11 所示。然后在桌面上将快捷方式重命名为"我的记事本"。

图 2-11　查找并发送到桌面快捷方式

（8）在 D 盘根目录为 Winword.exe 建立快捷方式，快捷方式名称为"文字处理"。

① 打开"计算机"窗口，双击 D 盘驱动器图标打开 D 盘根目录，选择"文件"→"创建快捷方式"命令，或者直接右击空白处，在弹出的快捷菜单中选择"新建"→"快捷方式"命令，弹出"创建快捷方式"对话框，如图 2-12 所示。

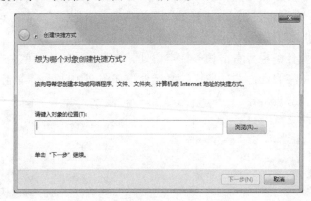

图 2-12 "创建快捷方式"对话框

② 在此对话框中输入"C:\Program Files\Microsoft Office\Office14\Winword.exe"，或者单击"浏览"按钮，弹出"浏览文件或文件夹"对话框，如图 2-13 所示。在"C:\Program Files\Microsoft Office\Office14"文件夹中找到"Winword.exe"，单击"确定"按钮，单击"下一步"按钮后，屏幕上弹出快捷方式命名对话框，如图 2-14 所示，在文本框内输入"文字处理"，再单击"完成"按钮。

图 2-13 "浏览文件或文件夹"对话框

图 2-14 快捷方式命名对话框

（9）创建一个名称为"Jsj"、类型为"标准用户"、密码为"Pass678"的账户。

① 通过控制面板进入"用户账户"窗口，如图 2-15 所示。单击"管理其他账户"链接。

② 进入"管理账户"窗口，如图 2-16 所示。单击"创建一个新账户"链接。

③ 进入"创建新账户"窗口，输入账户名称"Jsj"，选中"标准用户"单选按钮，如图 2-17 所示。

④ 单击"创建账户"按钮，这样就创建了一个名为"Jsj"的账户，如图 2-18 所示。

⑤ 单击"Jsj"账户图标，如图 2-19 所示，再单击"创建密码"链接，两次输入密码"Pass678"，如图 2-20 所示，最后单击"创建密码"按钮。

图 2-15　"用户账户"窗口

图 2-16　"管理账户"窗口

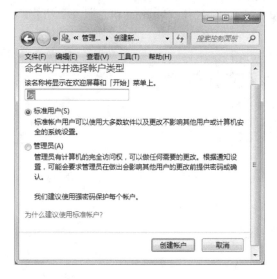

图 2-17　选中"标准用户"单选按钮

图 2-18　创建的 Jsj 账户

图 2-19　选择 Jsj 账户

图 2-20　为 Jsj 账户创建密码

操作练习题

（1）设置显示器的分辨率为 1 024×768。

（2）在任务栏上添加 Microsoft Word 2010 程序图标，然后删除。

（3）在桌面上添加"时间"和"日历"小工具，并设置不透明度为 80%。

（4）创建一个账户类型为"标准用户"、名称为"user"、密码为"password"的账户。

（5）查找系统提供的应用程序"Mspaint.exe"，并在桌面上建立其快捷方式，快捷方式名为"我的画笔"。

（6）设置时间格式为"yyyy-MM-dd"。

（7）设置桌面壁纸，选择"Wallpaper"下的"1"为背景图片，显示方式为"平铺"。

（8）添加本地打印机"hp 910"，并将其设置为默认打印机。

（9）利用 Windows 7 截图工具截取当前活动窗口。

（10）利用 Windows 7 的"打开或关闭 Windows 功能"打开"Internet 信息服务"功能，关闭"游戏"功能。

2.2　Windows 7 文件管理

实训项目

一、实训目的

（1）掌握文件夹、文件和库的新建。

（2）掌握文件或文件夹的复制、移动、删除、改名。

（3）掌握文件或文件夹属性的设置。

（4）掌握文件或文件夹的压缩和解压缩。

二、实训内容

（1）在 D 盘根目录下新建 MYDIR 文件夹，然后在 MYDIR 文件夹下新建文件夹 A，再在 A 文件夹下新建文件夹 B。

（2）在 A 文件夹下新建文本文档"IP.txt"，文本文档的内容为"I am a student."。

（3）将 A 文件夹下的"IP.txt"文件复制到 B 文件夹中。

（4）删除 A 文件夹下的"IP.txt"文件。

（5）将 B 文件夹下的"IP.txt"文件改名为"IP 地址.txt"。

（6）将 B 文件夹下的"IP 地址.txt"文件改名为"IP 地址.docx"。

（7）将 B 文件夹下的"IP 地址.docx"文件移动到 A 文件夹中。

（8）将 A 文件夹设置为隐藏属性。

（9）将 MYDIR 文件夹压缩为"MYDIR.rar"文件。

（10）在 Windows 7 系统中创建一个库名为"实验项目"的新库。

（11）将 D 盘根目录下的 MYDIR 文件夹添加到"实验项目"库中。

（12）从"实验项目"库中删除 MYDIR 文件夹。

三、实训操作步骤

（1）在 D 盘根目录下新建 MYDIR 文件夹，然后在 MYDIR 文件夹下分别新建文件夹 A 和 B。

方法一：

① 通过"资源管理器"窗口或"计算机"窗口选择本地磁盘 D，如图 2-21 所示。

图 2-21　资源管理器窗口

② 选择"文件"→"新建"→"文件夹"命令，右窗格的文件列表底部会出现一个名为"新建文件夹"的文件夹 新建文件夹 ，输入 MYDIR，按【Enter】键。

③ 双击打开 MYDIR 文件夹，选择"文件"→"新建"→"文件夹"命令，建立文件夹 A，用同样的方法在 A 文件夹下新建文件夹 B。

方法二：

① 通过"资源管理器"窗口或"计算机"窗口选择本地磁盘 D。

② 在右边窗格的空白处右击，在弹出的快捷菜单中选择"新建"→"文件夹"命令，输入 MYDIR，按【Enter】键。

③ 双击打开 MYDIR 文件夹，右击，在弹出的快捷菜单中选择"新建"→"文件夹"命令，建立文件夹 A，用同样的方法在 A 文件夹下新建文件夹 B。

（2）在 A 文件夹下新建文本文档"IP.txt"，文本文档的内容为"I am a student."。

① 双击打开 A 文件夹，在空白处右击，在弹出的快捷菜单中选择"新建"→"文本文档"命令，输入文件名 IP，按【Enter】键。

② 双击打开 IP.txt 文件，输入"I am a student."，保存后退出。

（3）将 A 文件夹下的"IP.txt"文件复制到 B 文件夹中。

方法一：选择 A 文件夹下的"IP.txt"文件，选择"组织"下拉菜单或"编辑"菜单中的"复制"命令，然后双击打开 B 文件夹，选择"组织"下拉菜单或"编辑"菜单中的"粘贴"命令。

方法二：选择 A 文件夹下的"IP.txt"文件，右击，在弹出的快捷菜单中选择"复制"命令，然后双击打开 B 文件夹，右击，在弹出的快捷菜单中选择"粘贴"命令。

方法三：选择 A 文件夹下的"IP.txt"文件，按【Ctrl+C】组合键完成复制，然后双击打开 B 文件夹，按【Ctrl+V】组合键完成粘贴。

方法四：将光标指向所选择的"IP.txt"文件，按住【Ctrl】键的同时，按住鼠标左键，将 "IP.txt"文件拖动到 B 文件夹中。

方法五：选择 A 文件夹下的"IP.txt"文件，用右键将选定的"IP.txt"文件拖动到 B 文件夹后，释放鼠标右键，在弹出的快捷菜单中选择"复制到当前位置"命令，如图 2-22 所示。

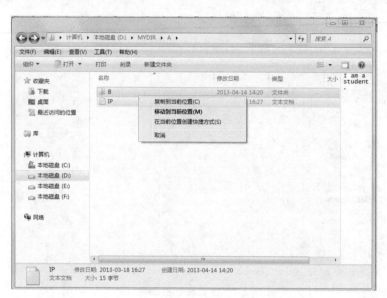

图 2-22 复制文件快捷菜单

（4）删除 A 文件夹下的"IP.txt"文件。

方法一：选择 A 文件夹下的"IP.txt"文件，选择资源管理器"文件"菜单中的"删除"命令。

方法二：右击 A 文件夹下的"IP.txt"文件，在弹出的快捷菜单中选择"删除"命令。

方法三：选择 A 文件夹下的"IP.txt"文件，按键盘上的【Delete】键。

方法四：选择 A 文件夹下的"IP.txt"文件，按住鼠标左键，将"IP.txt"文件拖动到回收站。

（5）将 B 文件夹下的"IP.txt"文件改名为"IP 地址.txt"。

方法一：先在资源管理器中选择需要重命名的文件或文件夹，然后选择"组织"下拉菜单或选择"文件"→"重命名"命令。

方法二：右击选择的文件或文件夹，在弹出的快捷菜单中选择"重命名"命令。

方法三：单击两次文件或文件夹的名称。

方法四：按键盘上的快捷键【F2】。

使用以上操作后，文件名处于选中状态，同时出现闪烁的光标，输入新文件名后，按【Enter】键即可完成重命名操作。

（6）将 B 文件夹下的"IP 地址.txt"文件改名为"IP 地址.docx"。

首先应选择资源管理器"工具"菜单中的"文件夹选项"命令，再选择"查看"选项卡，在"高级设置"中取消选中"隐藏已知文件类型的扩展名"复选框，如图 2-23 所示。然后再进行重命名。

（7）将 B 文件夹下的"IP 地址.docx"文件移动到 A 文件夹中。

方法一：选择 B 文件夹下的"IP 地址.docx"文件，选择 "组织"下拉菜单或"编辑"→"剪切"命令，然后双击打开 A 文件夹，选择"组织"下拉菜单或"编辑"→"粘贴"命令。

方法二：选择 B 文件夹下的"IP 地址.docx"文件，右击，在弹出的快捷菜单中选择"剪切"命令，然后双击打开 A 文件夹，右击，在弹出的快捷菜单中选择"粘贴"命令。

方法三：选择 B 文件夹下的"IP 地址.docx"文件，按【Ctrl+X】组合键完成剪切，然后双击打开 A 文件夹，按【Ctrl+V】组合键完成粘贴。

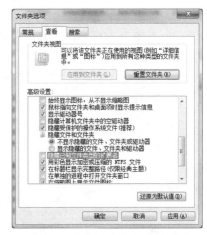

图 2-23　"文件夹选项"对话框

（8）为 A 文件夹设置隐藏属性。选择 A 文件夹，右击，在弹出的快捷菜单中选择"属性"命令，弹出"属性"对话框，在"常规"选项卡的"属性"栏中可设置属性为"隐藏"，如图 2-24 所示。

（9）将 MYDIR 文件夹压缩为"MYDIR.rar"文件。

方法一：右击 MYDIR 文件夹，在快捷菜单中选择"添加到 MYDIR.rar"命令，直接进行压缩。

方法二：先在 WinRAR 主界面中选择好 MYDIR 文件夹，再单击"添加"按钮，然后单击"确定"按钮完成压缩。

（10）在 Windows 7 系统中创建一个名为"实验项目"的新库。

① 单击"开始"按钮，单击用户名（这样将打开个人文件夹），然后单击左窗格中的"库"。

② 在"库"窗口中的工具栏上，单击"新建库"按钮，如图 2-25 所示，输入"实验项目"，然后按【Enter】键确认。

图 2-24　文件夹属性对话框

图 2-25　新建库

（11）将 D 盘根目录下的 MYDIR 文件夹添加到"实验项目"库中。

① 单击"开始"按钮，然后单击用户名。

② 右击 D 盘根目录下的 MYDIR 文件夹，指向"包含到库中"，如图 2-26 所示，然后单击"实验项目"库。

（12）从"实验项目"库中删除 MYDIR 文件夹。

① 打开"资源管理器"窗口，在导航窗格（左窗格）中，单击"实验项目"库。

② 在库窗格（文件列表上方）中，在"包括"旁边单击"位置"链接，如图 2-27 所示。

图 2-26　添加文件夹到"库"中

③ 在弹出的对话框中，单击 MYDIR 文件夹，如图 2-28 所示，单击"删除"按钮，然后单击"确定"按钮。

图 2-27　库中文件夹位置窗口

图 2-28　库位置对话框

操作练习题

（1）在 D 盘根目录下新建 TEST 文件夹，然后在 TEST 文件夹下新建文件夹 USER1 和 USER2。

（2）在 USER1 中新建一个文本文件"text1.txt"，在 USER2 中新建一个文本文件"text2.txt"，并为"text1.txt"文件设置隐藏属性。

（3）将 USER1 文件夹中的"text1.txt"文件复制到 USER2 中，将 USER2 文件夹中的"text2.txt"文件移动到 USER1 中。

（4）将 USER1 文件夹中的"text2.txt"改名为"测试文档 2.docx"。

（5）删除 USER1 文件夹中的"text1.txt"文件。

（6）将 USER1 文件夹复制到 USER2 文件夹中，并将 USER2 文件夹中的"USER1"文件夹改名为"USER3"。

（7）将 USER3 文件夹设置隐藏属性。

（8）查找 Windows 7 提供的"Calc.exe"文件，然后将其复制到 USER1 文件夹中。

（9）将 USER1 文件夹压缩为"USER1.rar"文件。

（10）将"USER1.rar"文件解压到当前文件夹。

（11）在 Windows 7 系统中创建一个新库，库名为"复习文档"。

（12）将 D 盘根目录下的 TEST 文件夹添加到"复习文档"库中。

（13）从"复习文档"库中删除 TEST 文件夹。

第3章

Word 2010操作实训

3.1 Word 2010 基本操作

实训项目

一、实训目的

（1）掌握 Word 2010 的建立、打开与保存。

（2）熟练掌握文档编辑方法。

（3）掌握 Word 2010 文档中的字符和段落格式设置。

（4）熟练掌握文本编辑过程中的插入、删除、修改、移动、复制、粘贴等操作。

（5）掌握文档编辑中的快速定位及文本的查找、替换操作。

（6）掌握页眉和页脚的设置。

（7）初步掌握页面的排版。

二、实训内容

1．Word 2010 文档的建立、保存、打开、添加

（1）新建文档。在编辑窗口中，输入以下文本，以文件名 W333-1.docx 保存在 D:\XS 文件夹中。

苏州，古称吴，简称苏，又称姑苏、平江等，是中国华东地区特大城市之一，位于江苏省东南部、长江以南、太湖东岸、长江三角洲中部。苏州以其独特的园林景观被誉为"中国园林之城"，素有"人间天堂""东方威尼斯""东方水城"的美誉。苏州园林是中国私家园林的代表，被联合国教科文组织列为世界文化遗产。苏州历史悠久，是国家首批 24 个历史文化名城之一。苏州有文字记载的历史已逾 4000 年，是吴文化的发祥地和集大成者，历史上长期是江南地区的政治经济文化中心。苏州城始建于公元前 514 年，历史学家顾颉刚先生经过考证，认为苏州城为中国现存最古老的城市之一。

（2）插入文字、分段。在"位于江苏省东南部、……"之前插入"苏州的地理位置:"，并

将文档从"苏州以其独特的园林景观被誉为……,"和"苏州历史悠久……"起另起一段,使整个文档分为 3 个自然段,并保存修改结果。

（3）添加标题。给文档加标题"苏州简介",设置为"标题 1",并居中对齐,再将整个文档另存为 W333-2.docx,保存到 D:\XS 文件夹中。

2. 字符格式化操作

（1）将文档标题的字体设置为"黑体""三号""加粗""蓝色",对齐方式为"居中对齐"。

（2）将文档的正文文本格式设置为"宋体""四号"、缩放"150%"、间距"0.3 磅",并将文字效果设置为"渐变填充"中"预设颜色"下的"红日西斜"。

（3）使用"替换"命令,将全文中所有的"苏州"替换为"苏州",格式为"宋体""加粗""小三号""红色""红色下画线"。

3. 段落格式化操作

将"位于江苏省东南部、长江以南、……"以后的文本另起一段,并选中第一段文本进行如下段落格式设置。

（1）设置段落缩进:左、右缩进都是 0 字符,段前、段后间距均为 6 磅。

（2）将"首行缩进"设置为"2 字符","多倍行距"设置为"3",对齐方式设置为"两端对齐"。

4. 格式的复制

（1）使用"格式刷"按钮 📎 格式刷 来复制段落格式,将第一段格式复制到第二段。

（2）使用"格式刷"按钮 📎 格式刷 将"苏州"的红色下画线格式复制到所有的"江苏省"文字上。

5. 边框和底纹的设置

（1）将标题加上 2.25 磅、红色、矩形边框。

（2）将标题加 10%灰色底纹。

6. 编号和项目符号设置

在文档最后,按下列格式录入以下文本:

苏州旅游七个景区:

拙政园景区

寒山寺景区

金鸡湖景区

狮子林景区

周庄景区

苏州乐园景区

苏州市虎丘山风景名胜区

（1）将"拙政园景区"至"狮子林景区"四行文本,设置编号列表格式。

（2）将"周庄景区"至"苏州市虎丘山风景名胜区"3 行文本,设置项目符号列表格式。

7. 设置页眉和页脚

（1）使用"页眉和页脚"命令,将页眉设置为"苏州简介"。

（2）通过"页眉和页脚"命令，将页脚设置为"第 X 页共 Y 页"。

8. 设置页边距和纸张大小

（1）将"页边距"设置上、下、左、右的页边距值均为 2 厘米，不留装订线。

（2）页眉和页脚分别设为 1.27 厘米和 1.75 厘米。

（3）设置纸型为"16 开"，其中宽度为"18.4 厘米"，高度为"26 厘米"，方向为"纵向"。

三、实训操作步骤

1. Word 2010 文档的建立、保存、打开、添加

（1）新建文档。

操作步骤：

① 双击桌面上的"Microsoft Word 2010"图标，启动 Word 2010，自动打开编辑窗口，将"苏州，古称吴，简称苏，又称姑苏、平江等，中国……"输入到编辑页面中，如图 3-1 所示。

② 单击快速访问工具栏中的"保存"按钮 ，选择 D:\XS 文件夹，输入文件名"W333-1"。

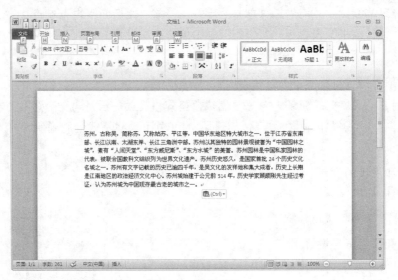

图 3-1　编辑窗口

（2）插入文字、分段。

操作步骤：

① 选择"文件"选项卡中的"打开"命令，打开已保存的文档 D:\XS\W333-1.docx。

② 将光标定位点到"位于江苏省东南部、长江以……"之前，输入文字"苏州的地理位置:"。

③ 将光标分别定位到题目要求的位置，按【Enter】键，完成分段。

（3）添加标题。

操作步骤：

① 光标定位到第一行第一个字符前，按【Enter】键，空出一行。在第一行中输入文字"苏州简介"。

② 单击"开始"选项卡"样式"组中的"快速样式"下拉按钮，选择"标题 1"命令，效果如图 3-2 所示。

③ 单击"开始"选项卡"段落"组中的"居中"按钮。

④ 选择"文件"选项卡中的"另存为"命令，弹出"另存为"对话框，在"文件名"文本框中输入"W333-2.docx"，保存位置中选择"D:\XS"文件夹，如图 3-3 所示。

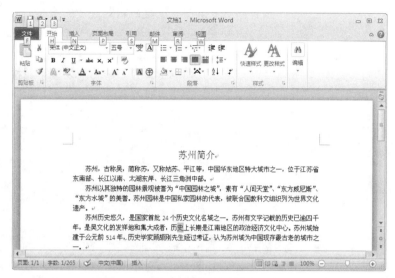

图 3-2　标题设置

图 3-3　"另存为"对话框

⑤ 单击快速访问工具栏中的"保存"按钮 ⊟。

2. 字符格式化操作

（1）将文档标题的字体设置为"黑体"，字号为"三号""加粗""蓝色"，对齐方式为"居中对齐"。

操作步骤：

① 选中标题。

② 选择"开始"选项卡"字体"组中的 黑体 ▼ 、三号 ▼ 、B 、A▼ 命令，或者通过"字

体"组右侧下拉按钮（或【Ctrl+D】组合键）进行对应选择设置。

③ 单击"开始"选项卡"段落"组中的"居中"按钮▉居中对齐。

（2）将文档的正文文本格式设置为"宋体""四号"、缩放"150%"、间距"0.3 磅"，并将文字效果设置为"渐变填充"中"预设颜色"下的"红日西斜"。

操作步骤：

① 光标定位到正文的第一字符，按左键拖到文末，选定正文。

② 选择"开始"选项卡中的"字体"组的"宋体(中文正·)""四号·"右侧下拉按钮，进行对应选择设置，如图 3-4 所示。

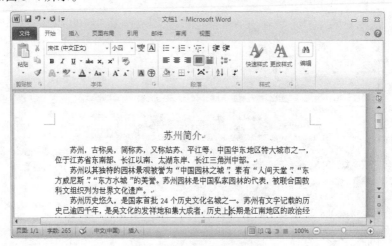

图 3-4　字体设置效果

③ 单击"开始"选项卡"字体"组中右侧图标按钮，弹出"字体"对话框，如图 3-5 所示，选择"高级"选项卡，分别设置缩放"150%"、间距"0.3 磅"。

④ 在"字体"对话框中，选择"高级"选项卡，单击对话框下方的"文字效果"按钮，选择"文本填充"中的"渐变填充"单选按钮，在"预设颜色"下拉列表中选择"红日西斜"，如图 3-6 所示。

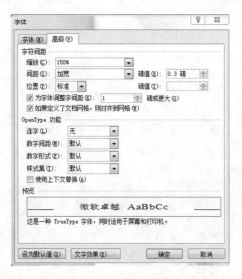

图 3-5　"字体"对话框　　　　　图 3-6　"设置文本效果格式"对话框

⑤ 单击"关闭"按钮。

⑥ 单击"确定"按钮。

⑦ 单击标题栏上左侧"保存"按钮 ，文件保存在 D:\XS 文件夹。

（3）使用"替换"命令，将全文中所有的"苏州"替换为"苏州"，格式为"宋体""加粗""小三""红色""红色下画线"。

操作步骤：

① 将插入点定位到文章开头（标题前面）。

② 单击"开始"选项卡"编辑"组中的"替换"按钮，如图 3-7 所示。

图 3-7　替换功能区

③ 在"查找和替换"对话框中，将光标定位于"查找内容"文本框中，输入文字"苏州"，在"替换为"文本框中输入文字"苏州"，单击"更多"按钮。

④ 在"查找和替换"对话框中，先选定"替换为"文本框中的"苏州"，选择"格式"下拉菜单中的"字体"命令。

⑤ 在弹出的"替换字体"对话框中（见图 3-8），设置"宋体""加粗""小三""红色""红色下画线"。

⑥ 单击"确定"按钮。

⑦ 单击"全部替换"按钮，如图 3-9 所示。

图 3-8　"替换字体"对话框

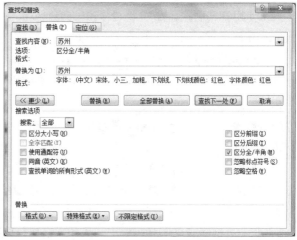

图 3-9　"查找和替换"对话框

⑧ 单击"关闭"按钮。

⑨ 单击"保存"按钮 ，将文件保存在 D:\XS。

注意：如果格式设置不对，单击"不限定格式"按钮，清除格式，再重新设置。

3. 段落格式化操作

将"位于江苏省东南……"以后的文本另起一段，并选中第一段文本进行如下段落格式设置：

（1）设置段落缩进：左、右缩进都是 0 字符，段前、段后间距均为 6 磅。

（2）将"首行缩进"设置为"2 字符"，并设置"多倍行距"为"3 倍"，对齐方式为"两端对齐"。

操作步骤：

① 将插入点定位到"位于江苏省东南……"之前，按【Enter】键。

② 选中第一段。

③ 单击"开始"选项卡"段落"组中的右下方图标，弹出"段落"对话框。

④ 在"段落"对话框中，"段前"设置"6 磅"，"段后"设置"6 磅"，"首行缩进"设置为"2 字符"，"行距"选择"多倍行距"，设置为"3"。

⑤ 单击"确定"按钮，如图 3–10 所示。

4．格式的复制

（1）使用"格式刷"按钮 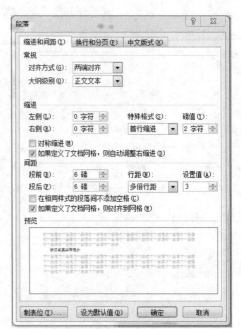 来复制段落格式，将第一段段落格式复制到第二段。

操作步骤：

① 选中第一段段尾的段落标识符。

② 单击"开始"选项卡"剪切板"组中的 按钮。

③ 在第二段的段落标志符上拖动鼠标。

（2）使用格式刷按钮 将"苏州"的红色下画线格式复制到所有的"江苏省"文字上。

图 3–10　"段落"对话框

① 选定标题中的"苏州"。

② 双击"开始"选项卡"剪贴板"组中的 按钮，分别选择全文中的"江苏省"。

5．边框和底纹的设置

（1）将标题设置为 2.25 磅、红色、矩形边框。

操作步骤：

① 选定标题"苏州简介"。

② 单击"页面布局"选项卡"页面背景"组中的"页面边框"按钮，弹出"边框和底纹"对话框。

③ 在"边框和底纹"对话框中，选择"边框"选项卡，选择"方框"，"颜色"设置为"红色"，"宽度"设置为"2.25 磅"，"应用于"设置为"文字"。

④ 单击"确定"按钮，如图 3–11 所示。

（2）将标题加 10%灰色底纹。

操作步骤：

① 选定标题"苏州简介"。

② 单击"页面布局"选项卡"页面背景"组中的"页面边框"按钮，弹出"边框和底纹"对话框。

③ 在"边框和底纹"对话框中，选择"底纹"选项卡，选择"白色，背景 1，深色 25%"，"样式"设置为"10%"，"应用于"设置为"文字"。

④ 单击"确定"按钮，如图 3-12 所示。

⑤ 单击"保存"按钮 ，文件保存在 D:\XS。

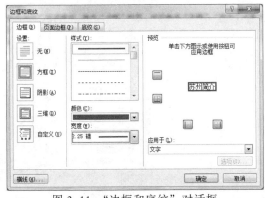

图 3-11　"边框和底纹"对话框　　　　　图 3-12　底纹设置

6．编号和项目符号设置

在文档最后，按下列格式录入以下文本：

苏州旅游七个景区：

拙政园景区

寒山寺景区

金鸡湖景区

狮子林景区

周庄景区

苏州乐园景区

苏州市虎丘山风景名胜区

（1）将"拙政园景区"至"狮子林景区"4 行文本，设置编号列表格式。

操作步骤：

① 选中"拙政园景区"至"狮子林景区"4 行文字。

② 单击"开始"选项卡"段落"组中的"编号"下拉按钮 ，选择编号列表中"1.2.3.…"格式。

（2）将"周庄景区"至"苏州市虎丘山风景名胜区"3 行文本，设置项目符号列表格式。

操作步骤：

① 选中"周庄景区"至"苏州市虎丘山风景名胜区"3 行文字。

② 单击"开始"选项卡"段落"组中的"项目符号"下拉按钮 ，选择列表中项目符号"●"，如图 3-13 所示。

7．设置页眉和页脚

（1）使用"页眉和页脚"命令，将页眉设置为"苏州简介"。

操作步骤：

① 将光标定位在文档的标题上。

② 单击"插入"选项卡"页眉和页脚"组中的"页眉"按钮 。

③ 选择"编辑页眉"命令。

④ 将页眉设置为"苏州简介"。

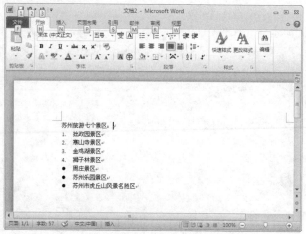

图 3-13 编号和项目符号设置效果

⑤ 单击"关闭页眉和页脚"按钮。

（2）通过"页眉和页脚"命令，将页脚设置为"第 X 页共 Y 页"。

操作步骤：

① 光标定位在文档的标题上。

② 在"插入"选项卡"页眉和页脚"组中，单击"页码"按钮📄页码·。

③ 选择"页面底端"命令。

④ 选择列表中"X/Y"项。

⑤ 在页脚区"X/Y"项，插入文字"第""页""共""页"，改成"第 X 页 共 Y 页"。

⑥ 单击"关闭页眉和页脚"按钮。

8. 设置页边距和纸张大小

（1）将"页边距"设置上、下、左、右的页边距值均为 2 厘米，不留装订线。

操作步骤：

① 单击"页面布局"选项卡"页面设置"组中的"页边距"按钮📄。选择"自定义边距"命令（或"页面设置"功能区右侧小按钮），弹出"页面设置"对话框。

② 选择"页边距"选项卡，设置左边距为 2 厘米，右边距为 2 厘米，上下边距为 2 厘米，"装订线"设置为 0 厘米，如图 3-14 所示。

③ 单击"确定"按钮。

（2）设置页眉页脚距边界为 1.27 厘米和 1.75 厘米。

操作步骤：

① 单击"页面布局"选项卡"页面设置"组中的"页边距"按钮📄，在下拉列表中选择"自定义边距"命令（或单击"页面设置"选项卡右侧按钮），弹出"页面设置"对话框。

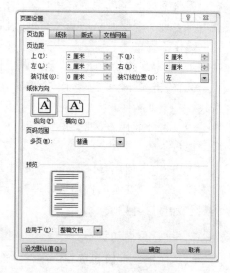

图 3-14 页边距设置

② 在"页面设置"对话框中选择"版式"选项卡，设置页眉页脚距边界为 1.27 厘米和 1.75 厘米，如图 3-15 所示。

③ 单击"确定"按钮。

（3）设置纸型为"16 开"，宽度为"18.4 厘米"，高度为"26 厘米"，方向为"纵向"。

操作步骤：

① 在"页面设置"对话框中选择"纸张"选项卡，"纸张大小"设置"16 开"，宽度设置"18.4 厘米"，高度设置"26 厘米"，如图 3-16 所示。

图 3-15　"版式"选项卡

图 3-16　"纸张"选项卡

② 单击"确定"按钮。

③ 单击"保存"按钮 █，文件保存在 D:\XS。

操作练习题

1. 新建 Word 2010 文档

（1）输入以下文档内容，将文档保存在 D:\XS 文件夹中，文件名为 Xs33-1.docx。

手机电视标准

据悉，国标委、发改委牵头于近日召开了手机电视/移动多媒体国家标准审查会议，与会官员和专家有近 30 人。

相关人士称，手机电视/移动多媒体相关技术方案经过了知识产权评估、方案测试、国标测试、一致性测试以及公开遴选等法定程序。

在此前 4 月 3 日举行的手机电视/移动多媒体国家标准专家评议组第六次工作会议上，由北京新岸线公司研发的 T-MMB 系统最终被遴选确定为手机电视/移动多媒体国家标准的技术方案。4 月 15 日正式启动手机电视/移动多媒体国家标准的起草工作。在经过广泛的意见公示征询后，对各方意见进行了答复，并对标准进行了修改。6 月 21 日，T-MMB 系统通过了最终审定，国家标准的制定工作至此已经全部完成。

（2）将标题居中；将标题文字"手机电视标准"设置为华文彩云、加粗、绿色、水平居中、并为标题段文字添加蓝色方框，段前、后间距设置为 1 行。

（3）给正文中所有"多媒体"一词添加波浪下画线；将正文各段文字（"据悉……已经全部完成。"）设置为小四、华文楷体；各段落左右各缩进 1.5 字符；首行缩进 2 字符。

（4）给正文中第三段（"在此前 4 月 3 日……已经全部完成。"）分为等宽的两栏，栏间距为 1.8 字符、栏间加分隔线。

（5）完成保存。

2．新建 Word 2010 文档

（1）按下列格式输入文档内容，保存在 D:\XS 文件夹中，文件名为 Xs33-2.docx。

某网络集控型多媒体教室解决方案

本地集中控制：通过操作面板，可实现一键上下课、投影机开关、幕帘升降、信号切换、电源管理等操作。远程集中控制：通过智能检测电路，监控每个教室中控供电状态、PC 开关状态、投影机使用状态，并传送到主控室，使每个教室的情况一目了然。IC 卡管理：本方案实现基于 IC 卡的安全管理、权限管理及信息统计。实现"插卡即用""拔卡即走"功能。六大特色优势如下：

预监功能：双显示输出，实现 4 路输入 2 路任意同、异步输出。

内置功放：内置双声道 12W、8 级可调的高保真模块，满足课堂扩音、多媒体课件播放的需求。

内置交换机:内置 4 口百兆交换机,为教师笔记本进入课堂提供网络连接及其他设备扩展支持。

IC 卡管理：实现 IC 卡开关机，实现基于 IC 卡的安全管理、权限管理和信息统计。

一键上下课：可自主定义预编程序，依次开启、关闭教室设备，方便教师的使用。

音频广播：主控室可对教室进行单路、多路、分组、全体广播。

网络集控型设备配置

设 备 名 称	技 术 指 标	数量
嵌入式网络中控	嵌入式技术，Linux 操作系统，稳定可靠；实现音频广播、IP 对讲；多路 I/O，联动报警	1
网络教学计算机天傲 8000	教室专用网络教学计算机，除具备普通 PC 强大功能外，具有易维护、易管理等专用特性	1
音响及扩声设备	根据教室大小配置，选用外置功放或有线、无线话筒	1
网络中控平台管理软件	含 IC 卡管理软件、设备使用统计软件、权限及远程网络管理软件	1
数字媒体中心	完成 DVD、闭路电视等模拟信号转成数字信号	1

（2）将标题文字设置为二号阴影黑体、加粗、倾斜，并添加浅绿色底纹。

（3）设置正文各段落行距为 1.25 倍，段后间距 0.5 行。设置正文第一段悬挂缩进 2 字符；为正文其余各段"预监功能……全体广播。"添加项目符号四角星◆。

（4）设置页面纸张为 16 开。

（5）将文中最后 6 行文字转换为一个 6 行 3 列的表格，设置表格居中、表格列宽为 2.8 厘米、行高为 0.6 厘米，设置表格第一行和第一列文字水平居中，其余文字左对齐。

（6）设置表格所有框线为 0.75 磅红色双细线；为表格第一行添加"灰色 12.5%"底纹。

（7）保存文档。

3.2　Word 2010 高级操作

实训项目

一、实训目的

（1）熟练掌握新建、样式和格式等任务的使用。

（2）熟练掌握 Word 2010 文字处理软件表格的插入、编辑和格式化设置。

（3）掌握文本、表格相互转换的方法。

（4）熟练掌握 Word 2010 文字处理软件插入图片及实现图文混排的排版方法。

（5）掌握文本框的使用、首字下沉的设置、文档的分栏和水印效果的设置等操作。

（6）熟练掌握 Word 2010 文字处理软件图表的插入、编辑和格式化设置。

（7）掌握超链接的方法。

二、实训内容

新建 W444-1.docx 文档内容如下，然后另存为 "W444-2.docx" 文档，都保存到 D:\XS 文件夹。

苏州概况

苏州的地理位置

苏州地貌

苏州物产

苏州的旅游资源

苏州旅游特色

苏州旅游景区

苏州的民风与民俗

苏州的民风

苏州的民俗

苏州的市树和市花

苏州的市树

苏州市花

桂花，名木犀、岩桂，系木犀科常绿灌木或小乔木，质坚皮薄，叶长椭圆形面端尖，对生，经冬不凋。花生叶腑间，花冠合瓣四裂，形小，其品种有金桂、银桂、丹桂、月桂等。

苏州的经济特色

经济重镇

港口新市

1．标题、目录、样式应用

（1）设置标题 1、标题 2。

打开 W444-2.docx 文件，在文档中分别对 "苏州概况""苏州的旅游资源""苏州的民风与民俗"、"苏州的市树和市花"、"苏州的经济特色"设置样式为标题1，"桂花：……"保留正文样式，其余的设置样式为标题2。

（2）目录生成。

根据上述标题编制目录。

（3）新建样式。

样式名为："样式789"。其中：

① 字体：中文字体为"楷体"，西文字体为"Times New Roman"，字号为"四号"。

② 段落：首行缩进2字符，行距2倍。

③ 对正文进行应用样式。

（4）打开"W444-2.docx"文档，将前5行转换表格样式（分隔符为"空格"）。

（5）文章末尾插入文本框，在文本框中插入一幅剪贴画。

（6）打开"W444-1.docx"文档，将正文中"桂花"的"桂"字设置"首字下沉"。

（7）将文字"苏州概况"与邮箱gg.126.com设置超链接。

（8）全文设置文字"保密"红色水印效果。

2．表格、图表操作

（1）新建文档W444-3.docx，建立表3-1所示的表格，并在表格前面插入一句话：下表是学生成绩统计表。以W444-3.docx为文件名保存在D:\XS文件夹中。

表3-1　学生成绩统计表

姓　　名	计算机程序设计	大 学 英 语	大 学 语 文
张新	78	90	78
吴兰	93	89	94
王宏宇	80	78	88
李亮	83	96	66
王晓	69	91	77

（2）表格插入行、列。

在"大学语文"的右边插入一列，列标题为"总分"，计算各人的总分（保留1位小数）；在表格的最后增加一行，行标题为"各科平均"，计算各科的平均分（保留1位小数）。

（3）表格内容格式化。

将表格第一行的行高设置为20磅最小值，该行文字为粗体、小四，并水平、垂直居中；其余各行的行高设置为16磅最小值，文字垂直底端对齐；"姓名"列水平居中，各科成绩列及"平均分"列靠右对齐。

（4）表格格式化。

将表格按各人的总分高低排序，然后将整个表格居中，列宽设为2厘米。将表格的外框线设置为1.5磅的粗线，内框线为0.75磅，然后对第一行与最后一行添加10%的茶色底纹。

（5）合并单元格。

在上题生成的表格中，插入一行，合并单元格，然后输入标题"成绩表"，格式为"黑体、三号、居中、取消底纹"；在表格下面插入当前日期，格式为"粗体、倾斜"。

（6）生成图表。

在 W444-3 文档中，根据表格内前三个同学的各科成绩，在表格下面生成直方图，然后将文档以文件名 W444-4.docx 另存到 D:\XS 文件夹中。

（7）添加题注。

将 W444-3.docx 文档内容复制到文档 W444-2.docx 后面，保存为 W444-2.docx。最后一张表格上方添加文字"学生成绩统计表"，作为表的说明，然后添加题注，标签为：表，内容为：表 1-1 学生成绩统计表。

（8）交叉引用。

利用"交叉引用"功能将第一行中的文字"下表"自动更新为"表 1-1"。

三、实训操作步骤

1. 标题、目录、样式应用

（1）标题设置。

打开"W444-2.docx"文档，对"苏州概况""苏州的旅游资源""苏州的民风与民俗""苏州的市树和市花""苏州的经济特色"设置样式为标题 1，"桂花：……"保留正文样式，其余的设置样式为标题 2。

操作步骤：

① 在 D:盘 XS 文件夹建立 W444-1.docx 文档，同时，选择"文件"选项卡中的"另存为"命令，保存为 W444-2.docx 文档。

② 打开 W444-2.docx 文件，在"开始"选项卡"样式"组中（见图 3-17），单击"样式"右侧下拉按钮，弹出"样式"窗格，如图 3-18 所示。

③ 单击"样式"窗格右下角的"选项"链接，弹出"样式窗格选项"对话框，如图 3-19 所示。

图 3-17 功能区　　　图 3-18 "样式"窗格　　图 3-19 "样式窗格选项"对话框

④ 在"样式窗格选项"对话框中，选择"在使用了上一级别时显示下一标题"复选框，单击"确定"按钮。

⑤　按【Ctrl】键并单击需要选的文字，在"样式"窗格中，单击"标题1"。

⑥　按【Ctrl】键并单击需要选的文字，在"样式"窗格中，单击"标题2"。

（2）目录生成。

根据上述标题编制生成目录。

操作步骤：

①　将插入点定位到文章起始位置，单击"插入"选项卡"页"组中的"分页"按钮。

②　将插入点定位到空白页起始位置，输入文字"目录"，在"样式"窗格中选择"标题1"命令。

③　将光标定位在"目录"文字的下一段，然后单击"引用"选项卡"目录"组中的"目录"按钮，如图3-20所示。

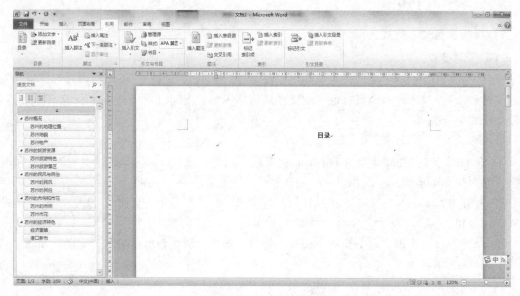

图3-20　单击"目录"按钮

④　选择列表中的"插入目录"命令，弹出"目录"对话框，如图3-21所示。

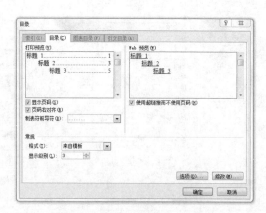

图3-21　"目录"对话框

⑤　在"目录"对话框中，选择"目录"选项卡。

⑥　使用默认设置，单击"确定"按钮，生成目录，如图3-22所示。

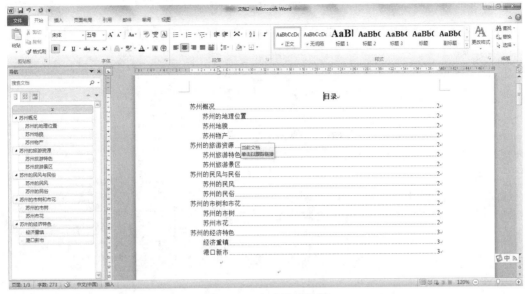

图 3-22　生成目录效果

（3）新建样式。

样式名为："样式 789"。其中：

① 字体：中文字体为"楷体"，西文字体为"Times New Roman"，字号为"四号"。

② 段落：首行缩进 2 字符，2 倍行距。

③ 正文应用样式。

操作步骤：

① 单击"开始"选项卡"样式"组中的"样式"功能区右侧 按钮。弹出"样式"窗格，如图 3-23 所示。

② 单击"样式"窗格左下角的"新建样式"按钮 ，弹出"根据格式设置创建新样式"对话框，如图 3-24 所示。在"名称"文本框中输入"样式 789"，设置"样式基准"为"正文"。

图 3-23　"样式"窗格　　　图 3-24　"根据格式设置创建新样式"对话框

③ 在"根据格式设置创建新样式"对话框中，按要求设置中文字体为"楷体""四号"，西文字体为"Times New Roman"，字号为"10"。

④ 单击"确定"按钮。

（4）在"W444-2.docx"文档，将前5行文字转换成表格（文字分隔位置为空格）。

操作步骤：

① 选定需转换前5行文字。

② 单击"插入"选项卡"表格"组中的"表格"
按钮，弹出"插入表格"下拉列表。

③ 选择"文本转换成表格"命令，弹出"将文字
转换成表格"对话框，如图3-25所示。"文字分隔位置"
选择"空格"单选按钮。

④ 单击"确定"按钮。

图3-25 "将文字转换成表格"对话框

（5）文章末尾插入文本框，在文本框中插入一幅剪
贴画。

操作步骤：

① 光标在文章末尾。

② 单击"插入"选项卡"文本"组中的"文本框"按钮，选择"绘制文本框"命令。

③ 在"插入"选项卡的"插图"组中单击"剪贴画"按钮，弹出"剪贴画"窗格。

④ 在"剪贴画"窗格，单击"搜索"按钮，任意选中一幅。

⑤ 在"剪贴画"窗格单击右上角的"关闭"按钮。

（6）打开"W444-1.docx"文档，将文中"桂花"的"桂"设置"首字下沉"。

操作步骤：

① 打开"W444-1.docx"文档，选中正文中"桂花"的"桂"字符。

② 在"插入"选项卡"文本"组中单击"首字下沉"下拉按钮，弹出下拉列表，选择"首
字下沉选项"命令，弹出"首字下沉"对话框。

③ 在"首字下沉"对话框中，选择"下沉"选项。

④ 单击"确定"按钮。首字下沉效果如图3-26所示。

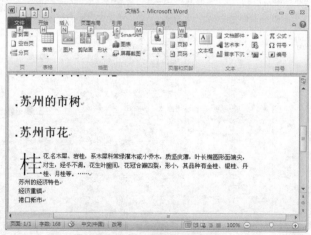

图3-26 首字下沉效果

（7）将文字"苏州概况"与邮箱 gg.126.com 设置超链接。

操作步骤：

① 选定文字"苏州概况"。

② 在"插入"选项卡中"链接"组中单击"超链接"按钮，弹出"插入超链接"对话框，如图 3-27 所示。

③ 在对话框中选择"电子邮件地址"选项，"邮件地址"输入"mailto:gg.126.com"。

④ 单击"确定"按钮。

（8）全文设置文字"保密"红色水印效果。

操作步骤：

① 光标定位到文章的任意位置。

② 在"页面布局"选项卡的"页面背景"组中单击"水印"按钮。

③ 在弹出的窗口中，选择"自定义水印"命令，弹出"水印"对话框，如图 3-28 所示。

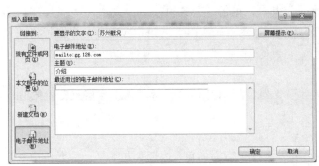

图 3-27　"插入超链接"对话框　　　　图 3-28　"水印"对话框

④ 在"水印"对话框中，选择"文字水印"单选按钮，"文字"设置为"保密"，"颜色"设置为"红色"，单击"确定"按钮。

2．表格、图表的插入、编辑和格式化设置

（1）建立表 3-1 所示的表格，并在表格前面插入一句话：下表是学生成绩统计表。以 W444-3.docx 为文件名（保存类型为"Word 文档"）保存在 D:\XS 文件夹中。

操作步骤：

① 新建文档，保存为 W444-3.docx。

② 输入"下表是学生成绩统计表"，再按【Enter】键。

③ 在"插入"选项卡"表格"组中，单击"表格"下拉按钮，选择"插入表格"命令，弹出"插入表格"对话框。

④ 在"插入表格"对话框中，"列数"设置为"4"，"行数"设置为"6"，单击"确定"按钮。

⑤ 输入内容，保存。

（2）插入行、列。在"大学语文"的右边插入一列，列标题为"总分"，计算各人的总分（保留 1 位小数）；在表格的最后增加一行，行标题为"各科平均"，计算各科的平均分（保留 1 位小数）。

操作步骤：

① 右击表格，弹出快捷菜单，选择"插入"命令。

② 分别选择"在右侧插入列""在下方插入行"命令，在第 1 行第 5 列输入文字为"总分"，在第 7 行第 1 列输入文字为"各科平均"。

③ 将光标定位在第 2 行第 5 列上。

④ 在"表格工具/布局"选项卡"数据"组中，单击"公式"按钮。

⑤ 在弹出的"公式"对话框中，"公式"设置为"=SUM(LEFT)"，"编号格式"输入"0.0"，如图 3-29 所示。

⑥ 单击"确定"按钮。

其他"第 3 行第 5 列，第 4 行第 5 列，第 5 行第 5 列，第 6 行第 5 列"单元格重复做第③到⑥步骤。

图 3-29 "公式"对话框

⑦ 在第 7 行第 1 列输入文字"各科平均"。

⑧ 将光标定位在第 7 行第 2 列上。

⑨ 在"表格工具/布局"选项卡"数据"组中，单击"公式"按钮。

⑩ 在弹出的"公式"对话框中，"公式"设置为"=AVERAGE(ABOVE)"，"编号格式"输入"0.0"。

⑪ 单击"确定"按钮。

"第 7 行第 3 列、第 7 行第 4 列、第 7 行第 5 列、第 7 行第 6 列"等其他单元格重复做第⑧～⑪步。

（3）表格内容格式化。

将表格第一行的行高设置为 20 磅最小值，该行文字为加粗、小四，并水平、垂直居中；其余各行的行高设置为 16 磅最小值，文字垂直底端对齐；"姓名"列水平居中，各科成绩列及"平均分"列靠右对齐。

操作步骤：

① 选定表格第一行。

② 右击，弹出快捷菜单，选择"表格属性"命令，弹出"表格属性"对话框。

③ 选择对话框中的"行"选择卡，选中"指定高度"复选框，输入"20 磅"，如图 3-30 所示。

④ 选择对话框中的"单元格"选项卡，"垂直对齐方式"选择"居中"。

⑤ 单击"确定"按钮。

⑥ 选定表格第一行。

⑦ 在"开始"选项卡"字体"组中进行"字体、字号"设置，设为"加粗、小四"。

⑧ 在"开始"选项卡"段落"组中单击"居中"按钮，即可水平居中。

⑨ 选定除表格第一行之外内容，右击，弹出快捷菜单，选择"表格属性"命令，弹出"表格属性"对话框，如图 3-31 所示。

⑩ 选择对话框中的"行"选项卡，选择"指定高度"复选框，输入 16 磅。

⑪ 选择对话框中的"单元格"选项卡，"垂直对齐方式"选择"靠下"。

⑫ 选中"姓名"列，在"开始"选项卡"段落"组中单击"居中"按钮。

⑬ 选中各科成绩列及"平均分"列，在"开始"选项卡的"段落"组中单击"右对齐"按钮。

（4）表格格式化。

将表格按各人的总分高低排序，然后将整个表格居中，各列宽设为 2 厘米。将表格的外框线设置为 1.5 磅的粗线，内框线为 0.75 磅，然后对第一行与最后一行添加 10% 的茶色底纹。

图 3-30　"表格属性"对话框"行"选项卡　　　　图 3-31　"表格属性"对话框

操作步骤：

① 选定表格，在"表格工具/布局"选项卡"数据"组中，单击"排序"按钮。

② 在"排序"对话框中，"主要关键字"设置为"总分"，设置为"降序"，单击"确定"按钮。

③ 右击，弹出快捷菜单，选择其中的"表格属性"命令。

④ 选择对话框中的"表格"选项卡，单击"对齐方式"中的"居中"按钮。

⑤ 选择"列"选项卡，进行列宽设置，"列宽"设置为"2 厘米"。

⑥ 单击表格属性对话框中"表格"选项卡下的"边框和底纹"按钮。弹出"边框和底纹"对话框，如图 3-32 所示。

⑦ 在"边框和底纹"对话框中，"宽度"设置"1.5 磅"，然后双击"预览"中▣▣▣▣按钮。

⑧ 在"边框和底纹"对话框中，"宽度"设置"0.75 磅"，然后双击"预览"中▣▣按钮，单击"确定"按钮。

⑨ 按【Ctrl】键和左键分别选定第一行，最后一行。

⑩ 右击，弹出快捷菜单，选择其中的"边框和底纹"命令。

⑪ 在"边框和底纹"对话框中，选择"底纹"选项卡。

⑫ 对话框中"填充"设置"茶色"，"样式"设置"10%"，如图 3-33 所示。

⑬ 单击"确定"按钮。

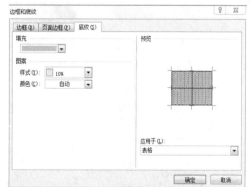

图 3-32　"边框和底纹"对话框　　　　图 3-33　"底纹"选项卡设置

（5）合并单元格。

在上题生成的表格中，插入一行，合并单元格，然后输入标题"成绩表"，格式设置为"黑体、三号、居中、取消底纹"；在表格下面插入当前日期，格式为粗体、倾斜。

操作步骤：

① 光标定位在表格第一单元格。

② 右击，弹出快捷菜单，选择其中的"插入"命令，再选择"表格上方插入行"命令。

③ 选定最上方一行。

④ 右击，弹出快捷菜单，选择其中的"合并单元格"命令。

⑤ 合并后的单元格输入文字"成绩表"，选中文字"成绩表"，在"开始"选项卡中"字体"组中，设置为"黑体、三号、居中、取消底纹"。

⑥ 光标停在表格下方一行（表格外）。

⑦ 在"插入"选项卡"文本"组中，单击"日期和时间"按钮，弹出"日期和时间"对话框，如图3-34所示。

⑧ 选中第一种日期，单击"确定"按钮。

⑨ 选中日期进行字体设置，设为"粗体、倾斜"。

（6）生成图表。

在W444-3文档，根据表格内前三个同学的各科成绩，在表格下面生成直方图，然后将文档以文件名W444-4.docx另存到D:\XS文件夹中。

操作步骤：

① 光标定位在表格下一行（表格外）。

② 在"插入"选项卡"插图"组中，单击"图表"按钮。弹出"插入图表"对话框，如图3-35所示。

③ 选择"柱形图"第一个，单击"确定"按钮。

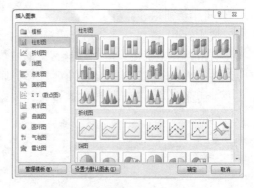

图3-34 "日期和时间"对话框　　　　图3-35 "插入图表"对话框

④ 选定表头和表格前三个学生成绩，即选定第2行到第5行，复制、粘贴到Excel表格中，替换掉Excel表格中的数据，如果有多余数据，则删除。

⑤ 关闭Excel表格。

单击"文件"选项卡中的"另存为"文件名为W444-3.docx到D:盘XS文件夹。

（7）添加题注。

将W444-3文档内容复制到W444-2文档的尾部，保存为W444-2.docx。打开W444-2.docx给最后一张表格添加题注，标签为：表，内容为：表1-1学生成绩统计表。

操作步骤：

① 将W444-3文档内容复制到W444-2文档的尾部，保存为W444-2.docx。

② 打开 W444-2.docx 在最后一张表格上方 "下表是学生成绩统计表" 文字下面，插入一行，输入 "学生成绩统计表"。

③ 光标定位在 "学生成绩统计表" 前面。

④ 在 "引用" 选项卡 "题注" 组中单击 "插入题注" 按钮，弹出 "题注" 对话框，如图 3-36 所示。

⑤ 在 "题注" 对话框，单击 "新建标签" 按钮，弹出 "新建标签" 对话框。

⑥ 在 "新建标签" 对话框的 "标签" 栏中输入 "表"，单击 "确定" 按钮。

⑦ 在 "题注" 对话框中，单击 "标签" 旁的下拉按钮，选择 "表" 选项。

⑧ 在 "题注" 对话框中，单击 "编号" 按钮。弹出 "题注编号" 对话框。

⑨ 在 "题注编号" 对话框，选中 "包含章节号" 复选框，单击 "确定" 按钮，如图 3-37 所示。

⑩ 在 "题注" 对话框，用户将显示 "题注" 为 "表 1-1"，单击 "确定" 按钮。

图 3-36　"题注" 对话框

图 3-37　题注编号设置

（8）交叉引用。

利用 "交叉引用" 功能将第一行中的文字 "下表" 自动更新为 "表 1-1"。

操作步骤：

① 选定表格上方的 "下表" 两个字。

② 在 "引用" 选项卡 "题注" 组中单击 "交叉引用" 按钮。弹出 "交叉引用" 对话框，如图 3-38 所示。

③ 在 "交叉引用" 对话框中，设置 "引用类型" 为 "表"，"引用内容" 为 "只有标签和编号"。在 "引用哪一个题注" 列表框中选择 "表 1-1 学生成绩统计表"。

④ 单击 "插入" 按钮，完成表格的交叉引用。

图 3-38　"交叉引用" 对话框

操作练习题

1. 排版应用

（1）建立一个新的 Word 2010 文档，按如下要求输入并编辑文档。

输入以下文档内容；将标题设置为黑体、三号，加粗倾斜，居中，蓝色。字体：正文字体为 "仿宋"，字号为 "小四"。段落：首行缩进 2 字符，段前和段后 1.5 行，行距 1.5 倍。将文档保存在 D 盘的 XS 文件夹中，文件名为 Xsword41.docx。

未来计算机真神奇

科学家们一直尝试研制未来新一代计算机。

现在的计算机是通过把一些指令蚀刻到硅芯片上进行数据传送的，这种技术历经十多年高速的发展已近穷途末路。在此之前，科学家们注意到，与硅相比，晶体蓄电时能更有效地吸收和组织数据。惠普公司依此提出了"分子计算机"的模型，并制作出构成分子计算机的基础部件的最为关键的"逻辑门"。假若这种晶体式结构的"分子计算机"最终成真，并替代硅芯片计算机，那么未来的计算机将会小似谷粒。

（2）创建新文档，输入以下内容，并将文档保存在 D 盘的 XS 文件夹中，命名为 Xsword42.docx

与惠普远见略同的加州洛杉矶大学研制小组的一位化学教授称："分子计算机的计算能力将是奔腾芯片的 1000 亿倍。在将来，米粒那么大的一台计算机的处理能力，相当于现在拥有 100 多台工作站的超级计算机中心！"在极具美好想象的计算机科学家口中，我们还听到他们说，"分子计算机"比现在的 PC 更节能，更可永久地保存大数量级的信息，还能对病毒，死机等计算机痼疾具有免疫力。

（3）打开文档 Xsword41.docx，将文档 Xsword42.docx 添加到文末，将文档中所有的"计算机"改成"电脑"，并且"电脑"字体颜色设置为红色，并将文档以 Xsword43.docx 保存在 D 盘的 XS 文件夹中。

（4）加上页眉"未来计算机真神奇"，楷体，五号，黑色，倾斜。

（5）添加页脚，插入页码并保存。

2．表格操作

（1）根据表 3-2 所示创建表格，行标题居中，字体设置为宋体、四号、加粗、倾斜，将整个表的外边框设置为 1.5 磅的粗线条。

（2）将表 3-2 时间和项目所在的行和列的字体设置为黑体、小四。

（3）将表中的所有内容单元格水平居中，单元格垂直居中。

（4）将结果保存到 D 盘的 XS 文件夹中，文件名为 Xsword44.docx。

表 3-2　家庭现金流量表

项　　目　＼　时　　间	一月	二月	三月
工资收入	1200	1200	1200
奖金收入	800	2500	500
其余收入	0	0	500
收入总计			
生活费	500	600	550
水电费	150	180	170
其余支出	500	1980	360

3．图文混排操作

打开文档 D:\Xsword43.docx，并完成如下操作：

（1）将标题改为艺术字。

（2）在文档中插入一张文本框，以"四周型"版式实现图文混排。

（3）在文档的末尾插入如下公式。

$$y = 4\sqrt{\sum_{i=1}^{n}(x_i - x_{i-1})}$$

（4）将结果保存到 D 盘的 XS 文件夹中，文件名为 Xsword45.docx。

3.3　Word 2010 综合应用

实训项目

一、实训目的

（1）通过对文章的排版，了解文章的基本结构。

（2）熟练掌握 Word 处理长文档（如毕业论文、活动计划、产品简介）格式的技术和技巧，奇偶页不同、首页不同，页面设置、题注、交叉引用、目录的生成等综合应用。

（3）通过 Word 的学习，运用 Word 文档的强大桌面排版功能（字符段落排版、表格编辑及格式、图文混排、文本框和页眉页脚的使用、样式的应用等）进行实际的文档处理等综合应用。

二、实训内容

在 D:\XS 文件夹中新建以下文档，文件名为"W555–1.docx"的文件，再"另存为…"文件名为"W555–2.docx"的文件，并按下面的要求进行操作，并把操作结果存盘。

苏州市简介

第一章　苏州概况

1.1　苏州的地理位置

苏州坐落于太湖之滨，长江南岸的入海口处，东邻上海，濒临东海；西抱太湖（太湖 70% 以上水域属苏州），紧邻无锡和江阴，隔太湖遥望常州和宜兴，构成中国长三角最发达苏锡常都市圈；北濒长江，与南通、靖江隔江相望；南临浙江，与嘉兴接壤，所辖太湖水面紧邻湖州、长兴。

市中心位于东经 119°55′~121°20′、北纬 30°47′~32°2′。

下图为苏州地图。（以下图片可由剪贴画插入）

苏州市地图

1.2 苏州地貌

全市地势低平，平原占总面积的55%，苏州分别隶属于两个一级的自然地理区：长江三角洲平原地区和太湖平原地区，分属于4个二级自然区：沿江平原沙洲区、苏锡平原区、太湖及湖滨丘陵区、阳澄淀泖低地区。地貌特征以平缓平原为上，全市的地势低平，自西向东缓慢倾斜，平原的海拔高度3～4米，阳澄湖和吴江一带仅2米左右。

低山丘陵零星散布，一般高100～350米，分布在西部山区和太湖诸岛，其中以穹窿山最高（342米），还有南阳山（338米）、西洞庭山缥缈峰（336米）、东洞庭山莫里峰（293米）、七子山（294米）、天平山（201米）、灵岩山（182米）、渔洋山（171米）、虞山（262米）、潭山（252米）等。

1.3 苏州物产

苏州拥有中国第二大淡水湖太湖四分之三的水域面积。苏州水网密布，土地肥沃，主要种植水稻、麦子、油菜，出产棉花、蚕桑、林果，特产有碧螺春茶叶、长江刀鱼、太湖三白（白鱼、银鱼和白虾）、阳澄湖大闸蟹等。

苏州地区河网密布，周围是全国著名的水稻高产区，农业发达，有"水乡泽国"、"天下粮仓"、"鱼米之乡"之称。自宋以来有"苏湖熟，天下足"的美誉。主要种植水稻、麦子、油菜，出产棉花、蚕桑、林果，特产有碧螺春茶叶、长江刀鱼、太湖银鱼、阳澄湖大闸蟹等。下图为苏州特产之一阳澄湖大闸蟹（以下图片可由剪贴画插入）。

阳澄湖大闸蟹

第二章　苏州的旅游资源

2.1 苏州旅游特色

2012全市实现旅游总收入1 376.24亿元，比上年增长15.1%；接待境外游客321.87万人次，比上年增长8.1%。入境游客中，外国游客230.18万人次，港澳台同胞91.69万人次。旅游外汇收入16.47亿美元，比上年增长12.1%。全市景区接待游客11 426.28万人次，比上年增长12.89%。

全市拥有星级饭店144家，其中四星级及以上饭店75家。金鸡湖景区成功创建国家5A级景区，全市共有5A级景区4家，4A级景区28家，3A级景区20家。苏州被确定为全国智慧旅游试点城市。

苏州素来以山水秀丽、园林典雅而闻名天下，有"江南园林甲天下，苏州园林甲江南"的美称，又因其小桥流水人家的水乡古城特色，有"东方水都"之称。

苏州古城遗存的古迹密度仅次于北京和西安，苏州古城14.2平方公里。苏州古城和苏州园林为世界文化遗产和世界非物质文化遗产"双遗产"集于一身，而昆曲、阳澄湖大闸蟹、周庄是三张国际级、重量级的品牌。苏州园林甲天下，为中国十大名胜古迹之一，其中九座园林被列入世界文化遗产名录，截止 2009 年有六项非物质文化遗产被列为世界口头与非物质文化遗产；"吴中第一名胜"虎丘深厚的文化积淀，使其成为游客来苏州的必游之地。

　　苏州现有 2 个国家历史文化名城（苏州、常熟）、12 个中国历史文化名镇（昆山周庄、吴江同里、吴江震泽、吴江黎里、吴中甪直、吴中木渎、太仓沙溪、昆山千灯、昆山锦溪、常熟沙家浜、吴中东山、张家港凤凰），保存较好的古镇（如吴江的黎里、盛泽、平望，太仓浏河等）、中国历史文化名村（吴中东山村、明月湾），中国首批十大历史文化名街平江路、山塘街。

　　下表为 2006—2011 年苏州旅游收入统计表。（按下表自己创建表格）

年　　度	收入（亿元）
2006	525
2007	638
2008	735
2009	841
2010	1 018
2011	1 196

　　2.2　苏州旅游景区

　　截至 2009 年，苏州共有全国重点文物保护单位 34 处，现有保存完好的古典园林 73 处，其中拙政园和留园列入中国四大名园，并同网师园、环秀山庄与沧浪亭、狮子林、艺圃、耦园、退思园等 9 个古典园林，分别于 1997 年 12 月和 2000 年 11 月被联合国教科文组织列入《世界遗产名录》。下面分别列出几个国家级景区：

　　1. 国家 5A 级景区

　　（1）金鸡湖景区

　　（2）拙政园

　　（3）周庄古镇

　　（4）同里古镇

　　（5）虎丘山风景名胜区

　　2. 国家 4A 级景区

　　（1）狮子林

　　（2）网师园

　　（3）苏州乐园

　　（4）苏州盘门景区

　　（5）白马涧生态园

　　（6）寒山寺

　　3. 国家 3A 级景区

　　（1）苏州何山公园

　　（2）苏州镇湖刺绣艺术馆

　　（3）苏州光福景区

下图为苏州拙政园（以下图片可由剪贴画插入）。

苏州拙政园

1．对 W555-2.docx 文档进行排版

（1）章名使用样式"标题1"，并居中，编号格式为：第 X 章，其中 X 为自动排序（例如，第 1 章）。

（2）小节名使用样式"标题2"，左对齐，编号格式为：多级符号：X.Y，X 为章数字序号，Y 为节数字序号（例如，1.1）。

（3）新建样式，样式名为："样式999"；其中：

① 字体：中文字体为"楷体"，西文字体为"Times New Roman"，字号为"小四"。

② 段落：首行缩进 2 字符，行距 1.5 倍。

（4）将第二章中出现的"1.…2.…"等编号改为自动编号，编号形式不变。

（5）将"样式999"应用到正文中除章节标题、表格、图片和自动编号以外的所有文字。

2．对以上文档图添加题注和交叉引用

对正文中的图添加题注"图"，位于图下方，居中。

（1）编号为"章序号"–"图在章中的序号"（例如，第 1 章中第 1 幅图，题注编号为 1–1）。

（2）图的说明使用图下一行的文字，格式同编号，图居中。

（3）图交叉引用，对正文中出现"如下图所示"中的"下图"两字，使用交叉引用，改为"图 X–Y"，其中"X–Y"为图题注的编号。

3．对以上文档表格添加题注和交叉引用

对正文中的表格添加题注"表"，位于表上方，居中。

（1）编号为"章序号"–"表在章中的序号"（例如，第 1 章中第 1 张表，题注编号为 1–1）。

（2）表的说明使用表上一行的文字，格式同编号，表格居中。

（3）对正文中出现"如下表所示"中的"下表"两字，使用交叉引用，改为"表 X–Y"，其中"X–Y"为表题注的编号。

4．对以上文档查找与替换

将全文中的"苏州"替换：格式为"斜体""字体颜色红色""下画线""四号""下画线蓝色"。

5．对以上文档页眉与页脚添加

在页眉中插入内容"苏州简介"，居中。在页脚中插入页码"第 X 页"其中 X 采用"Ⅰ，Ⅱ，Ⅲ，…"格式，居中显示。

6．对以上文档插入分节符和添加目录

在全文的头部插入分节符（下一页）；在最后空白页中添加文字"目录"，要求使用样式"标题 1"，并居中排列；"目录"下插入目录项。

7．对以上文档页边距设置

设置上、下的页边距值均为 2.5 厘米，左、右的页边距 2.75 厘米和 2.5 厘米。页眉页脚都距边界都为 1.5 厘米，其他默认。

三、实训操作步骤

1．对正文进行排版

在 Word 2010 编辑窗口中，依据实训内容输入"苏州市简介"文章，以文件名为 W555-1.docx 的文档，如图 3-39 所示，"另存为"文件名 W555-2.docx。

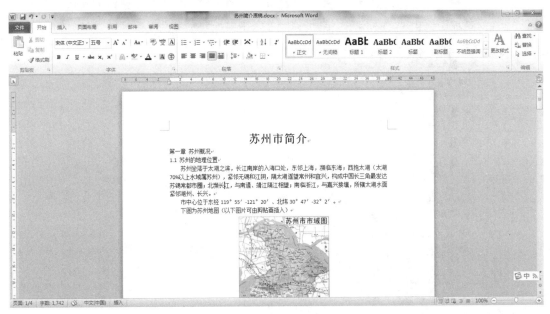

图 3-39　Word 2010 编辑窗口

（1）一级标题设置。

章名使用样式"标题 1"，并居中，编号格式为：第 X 章，其中 X 为自动排序（例如，第 1 章）。

操作步骤：

① 在"开始"选项卡"样式"组中，单击"样式"右下方按钮，如图 3-40 所示，弹出"样式"窗口，如图 3-41 所示。

图 3-40　样式功能区

② 单击"样式"窗口右下角"选项…"超链接，弹出"样式窗格选项"对话框。

③ 在对话框中选中"在使用了上一级别时显示下一标题"复选框，如图 3-42 所示。

图 3-41　"样式"窗口

图 3-42　"样式窗格选项"对话框

④ 单击"确定"按钮。

⑤ 选中对应文字，选择"开始"选项卡"样式"组中"标题 1"选项，如第一章。

⑥ 单击"开始"选项卡"段落"组中的"多级列表"按钮，弹出"多级列表"下拉列表，如图 3-43 所示。

⑦ 从"多级列表"的"列表库"中选择最后一项的样式，如"第一章标题 1"项。

⑧ 选择"多级列表"中的"定义新的多级列表"命令，弹出"定义新多级列表"对话框。

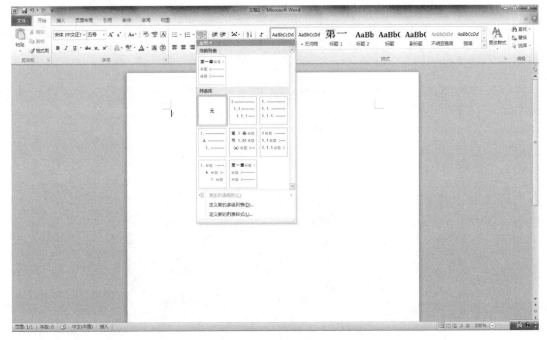

图 3-43　多级列表下拉列表框

⑨ 在"自定义新多级列表"对话框中"单击要修改的级别"列表框中选择"1"选项，设定第一级编号；在"此级别的编号样式"中选"1，2，3，…"选项，使得编号格式为"第1章"，其他设置取默认值，如图 3-44 所示。

⑩ 单击"确定"按钮，即按要求完成样式"标题 1"的修改。

删除第一行中文字"第一章"，保留"第 1 章苏州概况"。

用同样的方法，重复对"第二章苏州的旅游资源"应用样式"标题 1"。

（2）二级标题设置。

图 3-44　"定义新多级列表"对话框

小节名使用样式"标题 2"，左对齐，编号格式为：多级符号：X.Y，X 为章数字序号，Y 为节数字序号（例如，1.1）。

操作步骤：

① 光标定位在"1.1 苏州的地理位置"，选择"开始"选项卡"样式"组中的"标题 2"命令如"1.1"。

② 在"开始"选项卡"段落"组中单击"多级列表"按钮，弹出"多级列表"下拉列表框，如图 3-45 所示。

③ 选择"多级列表"列表框的"当前列表"中样式，切不可选择其他样式。

④ 选择"多级列表"中的"定义新的多级列表…"命令，弹出"定义新多级列表"对话框。

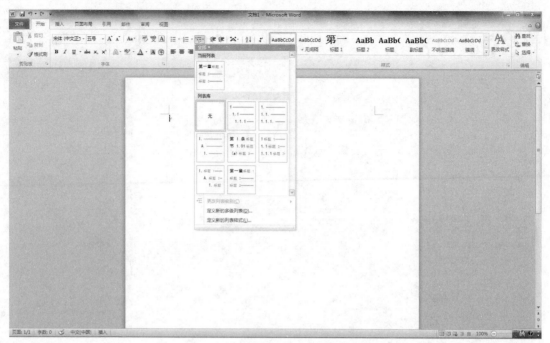

图 3-45 "多级列表"下拉列表框

⑤ 在"定义新多级列表"对话框中，在"级别"列表框中选择"2"，设定第二级编号；选择"包含的级别编号来自"下拉列表右侧的下拉按钮中"级别 1"命令，输入小数点后，再选择"此级别的编号样式"下拉列表中的"1，2，3，…"命令，在"编号格式"文本框中内容为"1.1 "（此处有 2 个空格），如图 3-46 所示。

⑥ 单击"确定"按钮，即按要求完成样式"标题 2"的修改。

⑦ 删除第二行中第二个编号"1.1"。

⑧ 在"定义新多级列表"对话框中选择在内置标题样式"标题 2"基础上修改而成的"标题 2"样式。

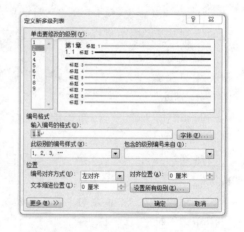

图 3-46 "定义新多级列表"对话框

⑨ 用同样的方法，或者用格式刷完成文章中所有 2 级标题的格式设置。

⑩ 选中"视图"选项卡"显示"组中的"导航窗格"复选框，应用程序窗口左侧出现"导航"窗格，如图 3-47 所示。

（3）新建样式。

新建样式，样式名为："样式 999"；其中：

① 字体：中文字体为"楷体"，西文字体为"Times New Roman"，字号为"小四"。

② 段落：首行缩进 2 字符，行距 1.5 倍。

操作步骤：

① 在"开始"选项卡"样式"组中，单击"样式"右侧按钮 ，弹出"样式"窗口，如图 3-48 所示。

图 3-47 文档结构图

② 单击对话框左下角"新样式"按钮，弹出"根据格式设置创建新样式"对话框，如图 3-49 所示。在名称栏中输入"正文样式"，设置"样式基准"为"正文"。

图 3-48 "样式"窗口

图 3-49 "根据格式设置创建新样式"对话框

③ 单击"格式"按钮，选择"字体"命令，弹出"字体"对话框，如图 3-50 所示，按要求设置中文字体为"宋体"，西文字体为"Times New Roman"，字号为"10"，单击"确定"按钮。

④ 在"根据格式设置创建样式"对话框中再次单击"格式"按钮，选择"段落"命令，弹出"段落"对话框，如图 3-51 所示。设置首行缩进 2 字符，1.5 倍行距。

⑤ 单击"确定"按钮，"字体""段落"设置完成。

⑥ 单击"确定"按钮，完成创建新样式。

图 3-50　"字体"对话框

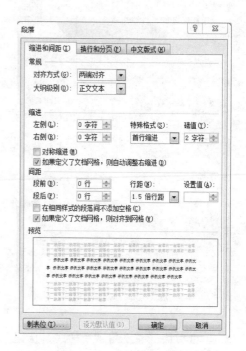

图 3-51　"段落"对话框

（4）自动编号设置。

将第二章中出现的"1.…2.…"等编号改为自动编号，编号形式不变。

操作步骤：

① 选中正文中第一处出现段落编号的正文。

② 在"开始"选项卡"段落"组中，单击"编号"下拉三角按钮 。

③ 弹出下拉列表，如图 3-52 所示，从"编号库"选择一种与原来正文编号一样的编号，效果如图 3-53 所示。

图 3-52　编号下拉列表

图 3-53　编号设置效果

④ 依次查找出现编号的地方，对不连续的编号用【Ctrl】键的组合选定，并选择重新开始编号，确定完成后删除多余的符号。

（5）应用样式。

将"样式 999"应用到正文中除章节标题、表格、图片和自动编号以外的所有文字。

操作步骤：

① 选中文章中无编号的正文文字段落。

② 在"样式"组中单击"样式 999"应用样式，正文即应用"样式 999"。正文应用"正文样式"后的结果如图 3-54 所示。

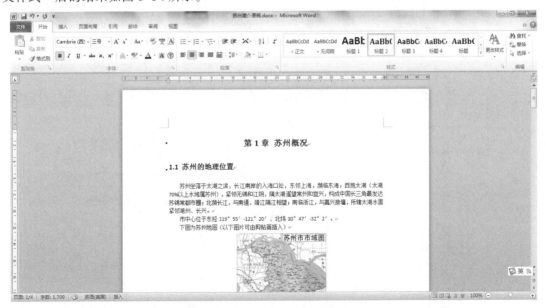

图 3-54　正文应用后的结果

2．图题注添加和交叉引用

（1）图题注添加。

对正文中的图片添加题注"图"，位于图下方，居中。

操作步骤：

① 将插入点定位到正文中第一幅图下方文字"苏州市地图"前。

② 在"引用"选项卡"题注"组中单击"插入题注"按钮，弹出"题注"对话框，如图 3-55 所示。

③ 单击"新建标签"按钮，在"新建标签"对话框的"标签"栏中输入"图"，如图 3-56 所示，单击"确定"按钮。

图 3-55 "题注"对话框   图 3-56 "新建标签"对话框

④ 在"题注编号"对话框中，单击"标签"下拉列表按钮，设置题注标签为"图"。单击"编号"按钮，弹出"题注编号"对话框。

⑤ 选择题注编号格式为"1，2，3……"，选中"包含章节号"复选框；设置"章节起始样式"为"标题1"，"使用分隔符"为"．（句点）"，如图 3-57 所示，单击"确定"按钮。

⑥ 单击"确定"按钮，插入题注完成。

⑦ 选中图片，单击"开始"选项卡"段落"组中的"居中"按钮，使图居中显示。

（2）图的交叉引用。

图交叉引用，对正文中出现"如下图所示"中的"下图"两字，使用交叉引用，改为"图 X-Y"，其中"X-Y"为图题注的编号。

操作步骤：

① 选定"下图"两个字。

② 在"引用"选项卡的"题注"组中单击"交叉引用"按钮，弹出"交叉引用"对话框，如图 3-58 所示。

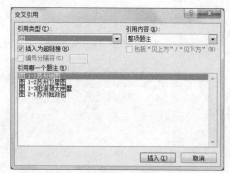

图 3-57 题注编号设置   图 3-58 "交叉引用"对话框

③ 设置"引用类型"为"图"，"引用内容"为"只有标签和编号"。在"引用哪一个题注"

列表框中选择"图 1-1 苏州地图"选项。

④ 单击"插入"按钮，完成第一处图片的交叉引用。

⑤ 用同样的方法完成文中其他图片的交叉引用。

3．表题注添加和交叉引用

（1）表题注添加。

对正文中的表格添加题注"表"，位于表上方，居中。

操作步骤：

① 将插入点定位到正文中第一张表格上方文字"2006—2011 苏州旅游收入统计表"前。

② 在"引用"选项卡"题注"组中单击"插入题注"按钮，弹出"题注"对话框，如图 3-59 所示。

③ 单击"新建标签"按钮，弹出"新建标签"对话框，在"标签"栏中输入"表"，如图 3-60 所示，单击"确定"按钮。单击"编号"按钮，弹出"题注编号"对话框。

④ 在"题注"对话框中，单击"标签"下拉列表按钮，设置题注标签为"表"。

⑤ 单击"编号"按钮，弹出"题注编号"对话框，如图 3-61 所示。

⑥ 单击"确定"按钮插入题注。

⑦ 选中表格，右击，弹出快捷菜单，在其中选择"表格属性"命令，在"表格"选项卡中单击"居中"按钮，使表格居中显示。

图 3-59　"题注"对话框　　图 3-60　"新建标签"对话框　　图 3-61　"题注编号"对话框

（2）表的交叉引用。

对正文中出现"如下表所示"中的"下表"两字，使用交叉引用，改为"表 X-Y"，其中"X-Y"为表题注的编号。

操作步骤：

① 选定表格上方的"下表"两个字。

② 在"引用"选项卡"题注"组中单击"交叉引用"按钮，弹出"交叉引用"对话框，如图 3-62 所示。

③ 设置"引用类型"为"表"，"引用内容"为"只有标签和编号"。在"引用哪一个题注"列表框中选择"表 2-12006-2011 苏州旅游输入统计表"。

④ 单击"插入"按钮，完成第一处表的交叉引用。

4．查找和替换

将全文中的"苏州"替换为"苏州"，格式为"斜体""字体颜色红色""下画线""四号""下画线蓝色"。

图 3-62　"交叉引用"对话框

操作步骤:

① 将插入点定位到文章开头。

② 在"开始"选项卡"编辑"组中,单击"替换"按钮,如图3-63所示。

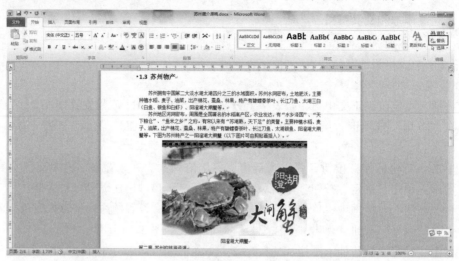

图 3-63 替换设置

③ 弹出"查找和替换"对话框,在"查找内容"编辑框中输入"苏州",在"替换为"编辑框中输入"苏州"。

④ 单击"更多"按钮,展开"搜索选项",如图3-64所示。

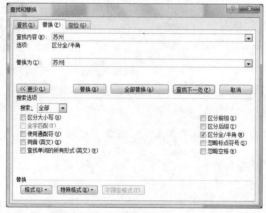

图 3-64 "查找和替换"对话框

⑤ 选中"替换为"中的文字"苏州",单击"替换"选项卡的"格式"按钮,选择"字体"命令,设置字形、颜色、下画线。

注意:所设置效果必须是"替换为"下方。

⑥ 单击"全部替换"按钮将全部替换查找到的匹配文字,如图3-65所示。

5. 页眉与页脚添加

(1) 插入页眉。

在页眉中插入内容"苏州简介",居中显示。

操作步骤:

图 3-65 替换设置

① 将插入点定位到文章起始位置。

② 在"插入"选项卡"页眉和页脚"组中,单击"页眉"按钮,如图 3-66 所示。

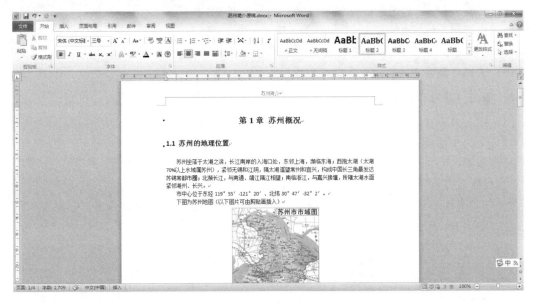

图 3-66 页眉和页脚功能区

③ 在列表中选择"编辑页眉"命令,在正文的页眉处插入"苏州简介"。

(2)插入页脚。

在页脚中插入页码"第 X 页"其中 X 采用"I,II,III,…"格式,居中显示。

操作步骤:

① 单击"页眉和页脚"组中的"页码"按钮,再选择"页面底端"中的"普通数字 2"选项。

② 在页脚区中"X"选项前后添加文字"第""页",呈现"第 X 页"。

插入页码的时候,如果需要以不同样式的数字显示页脚的话,选中页脚中的"X",在"插入"选项卡"页眉和页脚"组中选择"页码"中的"设置页码格式"命令,如图 3-67 所示。

图 3-67　页码设置

③ 在"页码格式"对话框中，"编号格式"选择"I, II, III, …"，选择"起始页码"单选按钮，如图 3-68 所示。

④ 设置完毕后，单击"确定"按钮，然后在"页码"下拉选项中，选择页面底端或其他位置就可以了。

6. 插入分节符和插入目录

（1）插入分节符。

在全文的头部插入分节符（下一页）。

操作步骤：

① 将插入点定位到文章起始"第 1 章"位置。

② 在"页面布局"选项卡"页面设置"组中单击"分隔符"按钮，弹出"分隔符"下拉列表，如图 3-69 所示。

图 3-68　"页码格式"对话框

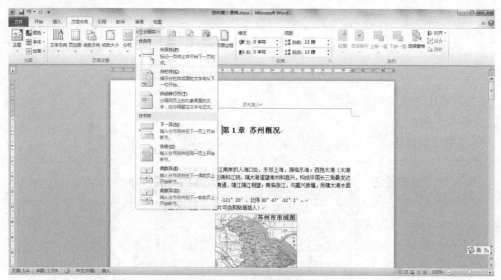

图 3-69　分隔符下拉列表

③ 选择"分节符"栏的"下一页"命令，插入分节符。

（2）添加目录。

在空白页中添加文字"目录"，要求使用样式"标题1"，并居中；"目录"下插入目录项。

操作步骤：

① 将插入点定位到文章起始位置。

② 将插入点定位到空白页起始位置，输入文字"目录"，选中自动编号"第 1 章"，按键盘【Del】键删除。

③ 光标定位在"目录"后，在"引用"选项卡"目录"组中单击"目录"按钮，如图 3-70 所示。

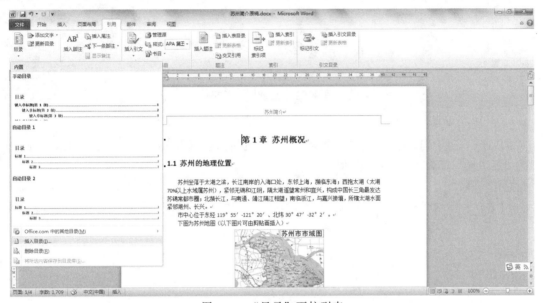

图 3-70　"目录"下拉列表

④ 选择其中的"插入目录"命令，弹出"目录"对话框，选择"目录"选项卡，如图 3-71 所示。

图 3-71　"目录"对话框

⑤ 使用默认设置，单击"确定"按钮，生成目录，如图 3-72 所示。

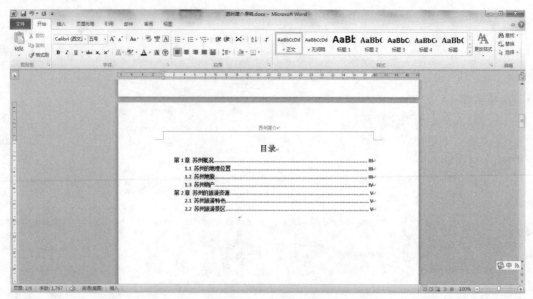

图 3-72　目录生成效果

7. 页边距设置

设置上、下的页边距值均为 2.5 厘米，左、右的页边距值为 2.75 厘米和 2.5 厘米。页眉页脚的"距边界"都为 1.5 厘米，其他默认。

操作步骤：

① 在"页面布局"选项卡"页面设置"组中单击"页边距"按钮。弹出下拉列表，如图 3-73 所示，选择"自定义边距"命令。

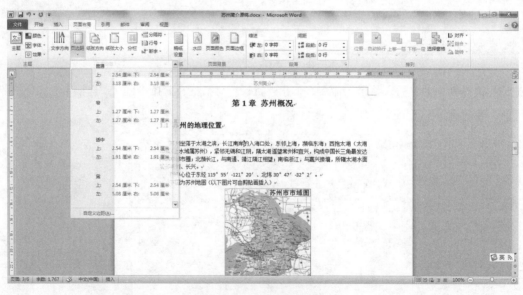

图 3-73　页面设置窗口

② 选择"页边距"选项卡，设置左边距为 2.75 厘米，右边距为 2.5 厘米，上、下边距均为 2.5 厘米，如图 3-74 所示。

③ 选择"版式"选项卡，页眉页脚"距边界"设置为"1.5 厘米"，如图 3-75 所示。

④ 单击"确定"按钮。

⑤ 单击快速访问工具栏中的"保存"按钮 💾 。

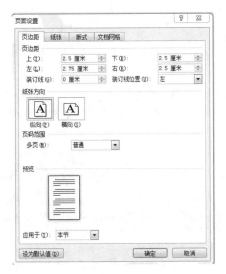 

图 3-74　页边距设置　　　　　　图 3-75　版式设置

操作练习题

打开 D 盘 XS 文件夹中的"W555-9.docx"文件，另存为"苏州简介.docx"文件后，按下面的操作要求进行操作，并把操作结果存盘。

（1）对正文进行排版，要求如下。

① 章名使用样式"标题 1"，并居中。

章名（例如，第一章）的自动编号格式为：第 X 章（例如，第 1 章），其中 X 为自动排序。

注意：X 为阿拉伯数字序号。

② 小节名使用样式"标题 2"，左对齐。

自动编号格式为：多级符号，X.Y。

X 为章数字序号，Y 为节数字序号（例 1.1）。

注意：X、Y 均为阿拉伯数字序号。

③ 新建样式，样式名为："样式+学号的后 6 位"（例如，样式 253456），要求如下：

a. 字体：正文字体为"宋体"，西文字体为"Times New Roman"，字号为"小四"。

b. 段落：首行缩进 2 字符，段前 0.5 行，段后 0.5 行，行距 1.5 倍。

c. 其余格式，默认设置。

④ 对出现"1.""2."…处，进行自动编号，编号格式不变。

⑤ 对出现"1）""2）"…处，进行自动编号，编号格式不变。

⑥ 将③中的样式应用到正文中文编号的文字。

注意：不包括章名、小节名、表文字、表和图的题注。

⑦ 对正文中的图添加题注"图",位于图下方,居中,要求如下:

a. 编号为"章序号"–"图在章中的序号",例如,第 1 章中第 2 幅图,题注编号为 1–2。

b. 图的说明使用图下一行的文字,格式同编号。

c. 图居中。

⑧ 对正文中出现"如下图所示"的"下图"两字,使用交叉引用,改为"图 X–Y",其中"X–Y"为图题注的编号。

⑨ 对正文中的表添加题注"表",位于表上方,居中,要求如下:

a. 编号为"章序号"–"表在章中的序号",例如,第 1 章中第 1 张表,题注编号为 1–1。

b. 表的说明使用表上一行的文字,格式同编号。

c. 表居中,表内文字不要求居中。

⑩ 对正文中出现"如下表所示"中的"下表"两字,使用交叉引用,改为"表 X–Y",其中"X–Y"为表题注的编号。

(2)在正文后按序插入节,分节符类型为"下一页"。使用 Word 提供的功能,自动生成如下内容:

① 第 1 节:目录。

a. "目录"使用样式"标题 1",并居中。

b. "目录"下为目录项。

② 第 2 节:图索引。

a. "图索引"使用样式"标题 1",并居中。

b. "图索引"下为图索引项。

③ 第 3 节:表索引。

a. "表索引"使用样式"标题 1",并居中。

b. "表索引"下为索引项。

(3)在正文中添加页眉"江苏省苏州市简介"(目录除外),居中显示。添加页脚,插入页码,居中显示。

① 正文后的节,页码采用"i,ii,iii,…"格式,页码连续。

② 正文中的节,页码采用"壹,贰,叁,…"格式,页码连续。

③ 正文中每章为单独一节。

④ 更新目录、图索引、表索引。

第4章

Excel 2010操作实训

4.1 Excel 2010 基本操作

实训项目

一、实训目的

（1）掌握 Excel 2010 的启动与退出。

（2）熟练掌握各种不同类型数据的输入方法。

（3）掌握不同数据序列的快速填充方法。

（4）掌握工作表中数据格式和对齐方式的设置。

（5）熟练掌握工作表中数据的编辑与修改。

（6）掌握条件格式的设置与应用。

（7）掌握保护工作表的方法。

（8）熟练掌握打印工作表的操作。

二、实训内容

（1）启动 Excel 2010，在 Sheet1 工作表中输入图 4-1 所示的数据，并将 Sheet1 重命名为"职工工资表"；然后将工作簿文件以"实验 6（初始数据）.xlsx"为文件名，保存到"D:\电子表格"目录下（"电子表格"文件夹需自己创建）。

	A	B	C	D	E	F	G
1	姓名	性别	基本工资	奖金	房租	应发工资	实发工资
2	程俊	男	315	253	50		
3	程宗文	男	285	230	40		
4	单娟	女	490	300	45		
5	董江波	男	200	100	35		
6	傅珊珊	女	580	320	65		
7	谷金力	男	390	240	55		
8	何再前	女	500	258	40		
9	黄威	男	300	230	45		
10	黄芯	女	450	280	35		
11	贾丽鄲	女	200	100	60		
12	简红强	男	280	220	55		
13	刘念	男	360	240	45		
14	刘启立	女	612	450	50		
15	刘晓瑞	男	460	260	55		
16	陆东兵	女	380	230	60		

图 4-1　工作表初始数据

（2）将"性别"列调整为合适的列宽。

（3）将职工"谷金力"和"刘启立"两行记录交换位置。

（4）在"姓名"列前插入一列，列标题为"职工工号"，第一条记录的工号为"0130001"，其他职工的工号通过填充柄进行填充（工号为字符型）。

（5）给"基本工资"数据区域 D2:D16 中最高的数据添加批注"该职工的基本工资最高"。

（6）在"房租"列前插入一列，列标题为"交通补贴"，由于每个职工的"交通补贴"都是 100 元，所以只需在 F2 单元格输入"100"。

（7）利用公式，计算每个职工的"应发工资"和"实发工资"，并将这两列的数据格式设置为加"￥"的货币格式，且以整数形式显示结果。

其中，应发工资=基本工资+奖金+交通补贴，实发工资=应发工资–房租。

（8）设置第 1~16 行的行高为"15"，并将所有数据水平居中显示。

（9）利用突出显示单元格的方法，将"实发工资"列中"800"以上的数据以加粗、红色字体显示；"500"以下的数据以加粗倾斜、蓝色字体显示。

（10）在 G17 和 G18 单元格分别输入"合计"和"平均值"，利用函数计算"应发工资"和"实发工资"的总和及平均值，其中平均值保留 1 位小数。

（11）在第 1 行之前插入一行，合并居中该行的 A1:I1 单元格区域，再在合并后的单元格中输入文字内容"职工工资表"作为表标题，并设置表标题的格式为楷体、14 号、加粗、黄色，所在单元格的填充格式为浅蓝色填充。

（12）将列标题设置为宋体、黑色、加粗字体，单元格填充颜色为白色，背景 1，深色 35%。

（13）将"职工工资表"的外边框设置为深蓝色的粗实线，内部表格线设置为深蓝色的细实线。

（14）将"职工工资表"中的数据复制到工作表 Sheet2 中 A1 开始的区域，并将 Sheet2 重命名为"实验 6"，设置工作表标签颜色为红色。

（15）将"职工工资表"中"实发工资"列的数据设置保护，并将工作簿文件以文件名"实验 6（结果）.xlsx"另存到"D:\电子表格"目录下。

三、实训操作步骤

（1）启动 Excel 2010，在 Sheet1 工作表中输入图 4-1 所示的数据，并将 Sheet1 重命名为"职工工资表"；然后将工作簿文件以"实验 6（初始数据）.xlsx"为文件名，保存到"D:\电子表格"目录下（"电子表格"文件夹需自己创建）。

操作步骤：

① 双击桌面上的"Microsoft Excel 2010"快捷图标或单击任务栏的"开始"按钮，打开"开始"菜单，选择"所有程序"子菜单中的"Microsoft Office"子菜单中的"Microsoft Excel 2010"命令，即可启动 Excel 2010，默认会自动创建一个空白工作簿，如图 4-2 所示。

② 根据图 4-1 所提供的数据，在工作表 Sheet1 中依次输入。右击"Sheet1"标签，在弹出的快捷菜单中选择"重命名"命令，或者直接双击"Sheet1"标签，标签变为编辑状态时，输入"职工工资表"。

③ 选择"文件"选项卡，在弹出的下拉菜单中选择"保存"命令，或者直接单击快速访问工具栏中的"保存"按钮，弹出"另存为"对话框；如图 4-3 所示，设置相应的保存路径后，再在"文件名"文本框中输入"实验 6（初始数据）"，单击"保存"按钮。

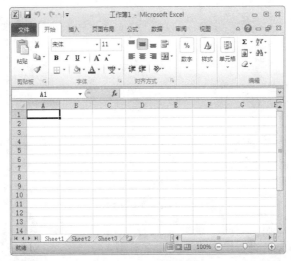

图 4-2　空白工作簿

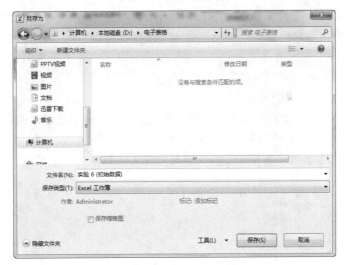

图 4-3　"另存为"对话框

（2）将"性别"列调整为合适的列宽。

操作步骤：

① 将光标定位到 B 列和 C 列列号的分隔线上。

② 当光标变为双向箭头时，双击即可。

（3）将职工"谷金力"和"刘启立"两行记录交换位置。

操作步骤：

① 将光标定位在"谷金力"所在行的行号上，光标形状变为向右的黑色箭头，单击选定该行数据。

② 将光标定位选中区域的边缘上，当光标变为"⇡"形状时，按住【Shift】键同时拖动光标到"刘启立"处。

③ 按照同样的方法，选定"刘启立"所在行的数据。

④ 将光标定位到选中区域的边缘上，当光标形状变为"⇡"时，按住【Shift】键同时拖动光标到原"谷金力"处，便使这两行相互交换了位置，操作结果，如图 4-4 所示。

	A	B	C	D	E	F	G
1	姓名	性别	基本工资	奖金	房租	应发工资	实发工资
2	程俊	男	315	253	50		
3	程宗文	男	285	230	40		
4	单娟	女	490	300	45		
5	董江波	男	200	100	35		
6	傅珊珊	女	580	320	65		
7	刘启立	女	612	450	50		
8	何再前	男	500	258	40		
9	黄威	男	300	230	45		
10	黄芯	女	450	280	35		
11	贾丽娜	女	200	100	60		
12	简红强	男	280	220	55		
13	刘念	男	360	240	45		
14	谷金力	男	390	240	55		
15	刘晓瑞	男	460	260	55		
16	陆东兵	女	380	230	60		

图 4-4　两行记录交换后的结果

（4）在"姓名"列前插入一列，列标题为"职工工号"，第一条记录的工号为"0130001"，其他职工的工号通过填充柄进行填充（工号为字符型）。

操作步骤：

① 将光标定位到 A 列的列号上，光标变为向下的黑色箭头，单击选定 A 列数据。

② 右击，在弹出的快捷菜单中选择"插入"命令，即可插入一新的空白列；或者在"开始"选项卡中，选择"单元格"组中的"插入"命令，在弹出的下拉菜单中选择"插入工作表列"选项。

③ 在 A1 单元格输入"职工工号"。

④ 在 A2 单元格输入"'0130001"（先输入英文单引号，双引号不输入）。

⑤ 将光标移到 A2 单元格右下角的填充柄处，当光标形状变为"➕"时，向下拖动光标，便能实现对其他职工工号的快速填充，操作结果如图 4-5 所示。

	A	B	C	D	E	F	G	H
1	职工工号	姓名	性别	基本工资	奖金	房租	应发工资	实发工资
2	0130001	程俊	男	315	253	50		
3	0130002	程宗文	男	285	230	40		
4	0130003	单娟	女	490	300	45		
5	0130004	董江波	男	200	100	35		
6	0130005	傅珊珊	女	580	320	65		
7	0130006	刘启立	女	612	450	50		
8	0130007	何再前	女	500	258	40		
9	0130008	黄威	男	300	230	45		
10	0130009	黄芯	女	450	280	35		
11	0130010	贾丽娜	女	200	100	60		
12	0130011	简红强	男	280	220	55		
13	0130012	刘念	男	360	240	45		
14	0130013	谷金力	男	390	240	55		
15	0130014	刘晓瑞	男	460	260	55		
16	0130015	陆东兵	女	380	230	60		

图 4-5　"职工工号"填充效果

（5）给"基本工资"数据区域 D2:D16 中最高的数据添加批注"该职工的基本工资最高"。

操作步骤：

① 选定要添加批注的 D7 单元格。

② 在"审阅"选项卡"批注"组中，单击"新建批注"按钮🗏或者右击，在弹出的快捷菜单中选择"插入批注"命令。

③ 在弹出的批注框中输入批注文本"该职工的基本工资最高"，如图 4-6 所示。

（6）在"房租"列前插入一列，列标题为"交通补贴"，由于每个职工的"交通补贴"都是 100 元，所以只需在 F2 单元格输入"100"。

	A	B	C	D	E	F	G	H
1	职工工号	姓名	性别	基本工资	奖金	房租	应发工资	实发工资
2	0130001	程俊	男	315	253	50		
3	0130002	程宗文	男	285	230	40		
4	0130003	单娟	女	490	300	45		
5	0130004	董江波	男	200	100	35		
6	0130005	傅珊珊	女	580	Windows 用户：该职工的基本工资最高			
7	0130006	刘启立	女	612				
8	0130007	何再前	女	500				
9	0130008	黄威	男	300				
10	0130009	黄芯	女	450				
11	0130010	贾丽娜	女	200	100	60		
12	0130011	简红强	男	280	220	55		
13	0130012	刘念	男	360	240	45		
14	0130013	谷金力	男	390	240	55		
15	0130014	刘晓瑞	男	460	260	55		
16	0130015	陆东兵	女	380	230	60		

图 4-6 插入批注

操作步骤：

① 将光标定位到 F 列的列号上，光标变为向下的黑色箭头，单击选定 F 列数据。

② 右击，在弹出的快捷菜单中选择"插入"命令，即可插入一新的空白列；或者在"开始"选项卡中，单击"单元格"组中的"插入"按钮，在弹出的下拉菜单中选择"插入工作表列"命令。

③ 在 F1 单元格内输入"交通补贴"，在 F2 单元格内输入"100"，如图 4-7 所示。

	A	B	C	D	E	F	G	H	I
1	职工工号	姓名	性别	基本工资	奖金	交通补贴	房租	应发工资	实发工资
2	0130001	程俊	男	315	253	100	50		
3	0130002	程宗文	男	285	230		40		
4	0130003	单娟	女	490	300		45		
5	0130004	董江波	男	200	100		35		
6	0130005	傅珊珊	女	580	320		65		
7	0130006	刘启立	女	612	450		50		
8	0130007	何再前	女	500	258		40		
9	0130008	黄威	男	300	230		45		
10	0130009	黄芯	女	450	280		35		
11	0130010	贾丽娜	女	200	100		60		
12	0130011	简红强	男	280	220		55		
13	0130012	刘念	男	360	240		45		
14	0130013	谷金力	男	390	240		55		
15	0130014	刘晓瑞	男	460	260		55		
16	0130015	陆东兵	女	380	230		60		

图 4-7 "交通补贴"列插入效果

（7）利用公式，计算每个职工的"应发工资"和"实发工资"，并将这两列的数据格式设置为加"￥"的货币格式，且以整数形式显示结果。

其中，应发工资=基本工资+奖金+交通补贴，实发工资=应发工资-房租。

操作步骤：

① 选定 H2 单元格，在该单元格或者编辑栏中输入"="。

② 选择 D2 单元格，输入"+"；再选择 E2 单元格，输入"+"；再选择 F2 单元格，在列号"F"和行号"2"前分别输入"$"，如图 4-8 所示；然后按【Enter】键，完成 H2 单元格的计算。

③ 将光标定位到 H2 单元格右下角的填充柄处，当光标形状变为"✚"时，向下拖动鼠标，便能实现对其他职工应发工资的计算。

④ 实发工资=应发工资-房租，具体操作步骤（略）。

⑤ 选定单元格区域 H2:I16，右击，在弹出的快捷菜单中选择"设置单元格格式"命令，弹出"设置单元格格式"对话框。

	A	B	C	D	E	F	G	H	I
1	职工工号	姓名	性别	基本工资	奖金	交通补贴	房租	应发工资	实发工资
2	0130001	程俊	男	315	253	100	50	=D2+E2+$F$2	
3	0130002	程宗文	男	285	230		40		
4	0130003	单娟	女	490	300		45		
5	0130004	董江波	男	200	100		35		
6	0130005	傅珊珊	女	580	320		65		
7	0130006	刘启立	女	612	450		50		
8	0130007	何再前	女	500	258		40		
9	0130008	黄威	男	300	230		45		
10	0130009	黄芯	女	450	280		35		
11	0130010	贾丽娜	女	200	100		60		
12	0130011	简红强	男	280	220		55		
13	0130012	刘念	男	360	240		45		
14	0130013	谷金力	男	390	240		55		
15	0130014	刘晓瑞	男	460	260		55		
16	0130015	陆东兵	女	380	230		60		

图 4-8　"应发工资"计算过程

⑥ 在该对话框中，选择"数字"选项卡，在"分类"列表框中选择"货币"选项，在"货币符号"选项右侧的下拉列表中选择"￥"命令，在"小数位数"文本框输入 0，如图 4-9 所示，单击"确定"按钮。操作结果如图 4-10 所示。

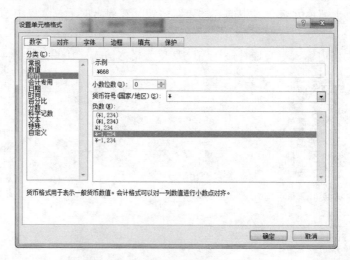

图 4-9　"设置单元格格式"对话框

	A	B	C	D	E	F	G	H	I
1	职工工号	姓名	性别	基本工资	奖金	交通补贴	房租	应发工资	实发工资
2	0130001	程俊	男	315	253	100	50	￥668	￥618
3	0130002	程宗文	男	285	230		40	￥615	￥575
4	0130003	单娟	女	490	300		45	￥890	￥845
5	0130004	董江波	男	200	100		35	￥400	￥365
6	0130005	傅珊珊	女	580	320		65	￥1,000	￥935
7	0130006	刘启立	女	612	450		50	￥1,162	￥1,112
8	0130007	何再前	女	500	258		40	￥858	￥818
9	0130008	黄威	男	300	230		45	￥630	￥585
10	0130009	黄芯	女	450	280		35	￥830	￥795
11	0130010	贾丽娜	女	200	100		60	￥400	￥340
12	0130011	简红强	男	280	220		55	￥600	￥545
13	0130012	刘念	男	360	240		45	￥700	￥655
14	0130013	谷金力	男	390	240		55	￥730	￥675
15	0130014	刘晓瑞	男	460	260		55	￥820	￥765
16	0130015	陆东兵	女	380	230		60	￥710	￥650

图 4-10　货币格式设置效果

（8）设置第 1~16 行的行高为"15"，并将所有数据水平居中显示。

操作步骤：

① 选中单元格区域 A1:I16。

② 在"开始"选项卡中，单击"单元格"组中的"格式"按钮 格式▼，在弹出的下拉菜单中选择"行高"命令，在弹出的"行高"对话框中的"行高"文本框中输入 15，单击"确定"按钮。

③ 在"开始"选项卡中，单击"对齐方式"组中的"居中"按钮 ，调整数据在单元格中水平居中显示。

（9）利用突出显示单元格的方法，将"实发工资"列中"800"以上的数据以加粗、红色字体显示；"500"以下的数据以加粗倾斜、蓝色字体显示。

操作步骤：

① 选定要设置条件格式的单元格区域 I2:I16。

② 在"开始"选项卡中，单击"样式"组中的"条件格式"按钮 ，在弹出的下拉菜单中选择"突出显示单元格规则"选项，选择子菜单中的"大于"命令，弹出"大于"对话框。

③ 在"大于"对话框的文本框中输入"800"，在"设置为"下拉列表框中选择"自定义格式"选项，弹出"设置单元格格式"对话框。

④ 在该对话框中，在"字体"选项卡中的"字形"列表框中选择"加粗"命令，在"颜色"下拉列表框中选择"红色"图标，单击"确定"按钮，关闭"设置单元格格式"对话框。

⑤ 返回到"大于"对话框，如图 4-11 所示，单击"确定"按钮，完成第一条规则的单元格格式的设置。

图 4-11　"大于"对话框

⑥ 模仿上述步骤完成第二条规则的单元格格式的设置，条件格式完成后的操作结果，如图 4-12 所示。

	A	B	C	D	E	F	G	H	I
1	职工工号	姓名	性别	基本工资	奖金	交通补贴	房租	应发工资	实发工资
2	0130001	程俊	男	315	253	100	50	¥668	¥618
3	0130002	程宗文	男	285	230		40	¥615	¥575
4	0130003	单娟	女	490	300		45	¥890	¥845
5	0130004	董江波	男	200	100		35	¥400	¥365
6	0130005	傅珊珊	女	580	320		65	¥1,000	¥935
7	0130006	刘启立	女	612	450		50	¥1,162	¥1,112
8	0130007	何再前	女	500	258		40	¥858	¥818
9	0130008	黄威	男	300	230		45	¥630	¥585
10	0130009	黄芯	女	450	280		35	¥830	¥795
11	0130010	贾丽娜	女	200	100		60	¥400	¥340
12	0130011	简红强	男	280	220		55	¥600	¥545
13	0130012	刘念	男	360	240		45	¥700	¥655
14	0130013	谷金力	男	390	240		55	¥730	¥675
15	0130014	刘晓瑞	男	460	260		55	¥820	¥765
16	0130015	陆东兵	女	380	230		60	¥710	¥650

图 4-12　设置"条件格式"结果

（10）在 G17 和 G18 单元格分别输入"合计"和"平均值"，利用函数，计算"应发工资"和"实发工资"的总和及平均值，其中平均值保留 1 位小数。

操作步骤：

① 选定 H17 单元格。

② 在"开始"选项卡中，单击"编辑"组中的"自动求和"按钮 Σ 自动求和，求和函数 SUM 出现在 H17 单元格中，如图 4-13 所示；默认的参数 H2:H16 是正确的单元格区域，按【Enter】键即可完成"应发工资"的求和。

	A	B	C	D	E	F	G	H	I
1	职工工号	姓名	性别	基本工资	奖金	交通补贴	房租	应发工资	实发工资
2	0130001	程俊	男	315	253	100	50	¥668	¥618
3	0130002	程宗文	男	285	230		40	¥615	¥575
4	0130003	单娟	女	490	300		45	¥890	¥845
5	0130004	董江波	男	200	100		35	¥400	¥365
6	0130005	傅珊珊	女	580	320		65	¥1,000	¥935
7	0130006	刘启立	女	612	450		50	¥1,162	¥1,112
8	0130007	何再前	女	500	258		40	¥858	¥818
9	0130008	黄威	男	300	230		45	¥630	¥585
10	0130009	黄芯	女	450	280		35	¥830	¥795
11	0130010	贾丽娜	女	200	100		60	¥400	¥340
12	0130011	简红强	男	280	220		55	¥600	¥545
13	0130012	刘念	男	360	240		45	¥700	¥655
14	0130013	谷金力	男	390	240		55	¥730	¥675
15	0130014	刘晓瑞	男	460	260		55	¥820	¥765
16	0130015	陆东兵	女	380	230		60	¥710	¥650
17							合计	=SUM(H2:H16)	
18							平均值	SUM(number1, [numb	

图 4-13　默认参数的 SUM 函数

③ 将光标定位到 H17 单元格右下角的填充柄处，当光标形状变为" ✚ "时，向右拖动光标，便能实现对"实发工资"的求和。

④ 选定 H18 单元格，单击"自动求和" Σ 自动求和 右侧的下三角按钮 ，在弹出的下拉列表中选择"平均值"命令，把默认的参数修改为 H2:H16，按【Enter】键；拖动填充柄，完成"实发工资"的平均值计算。

⑤ 平均值保留 1 位小数的设置参照第（7）步的操作步骤。最后的操作结果，如图 4-14 所示。

	A	B	C	D	E	F	G	H	I
1	职工工号	姓名	性别	基本工资	奖金	交通补贴	房租	应发工资	实发工资
2	0130001	程俊	男	315	253	100	50	¥668	¥618
3	0130002	程宗文	男	285	230		40	¥615	¥575
4	0130003	单娟	女	490	300		45	¥890	¥845
5	0130004	董江波	男	200	100		35	¥400	¥365
6	0130005	傅珊珊	女	580	320		65	¥1,000	¥935
7	0130006	刘启立	女	612	450		50	¥1,162	¥1,112
8	0130007	何再前	女	500	258		40	¥858	¥818
9	0130008	黄威	男	300	230		45	¥630	¥585
10	0130009	黄芯	女	450	280		35	¥830	¥795
11	0130010	贾丽娜	女	200	100		60	¥400	¥340
12	0130011	简红强	男	280	220		55	¥600	¥545
13	0130012	刘念	男	360	240		45	¥700	¥655
14	0130013	谷金力	男	390	240		55	¥730	¥675
15	0130014	刘晓瑞	男	460	260		55	¥820	¥765
16	0130015	陆东兵	女	380	230		60	¥710	¥650
17							合计	¥11,013	¥10,278
18							平均值	¥734.2	¥685.2

图 4-14　求和及平均值操作结果

（11）在第 1 行之前插入一行，合并居中该行的 A1:I1 单元格区域，再在合并后的单元格中输入文字内容"职工工资表"作为表标题，并设置表标题的格式为楷体、14 号、加粗、黄色，所在单元格的填充格式为浅蓝色填充。

操作步骤：

① 选定第 1 行的任一单元格。

② 在"开始"选项卡中，单击"单元格"组中的"插入" 下方的 ▼ 按钮，在弹出的下

拉列表中选择"插入工作表行"命令后，插入一新的空白行。或
者在选定的单元格上，右击，在弹出的快捷菜单中选择"插入"
命令，弹出"插入"对话框；在该对话框中选择"整行"单选按钮，
如图 4-15 所示，单击"确定"按钮，即可插入一新的空白行。

③ 在 A1 单元格输入文字"职工工资表"，选定单元格区域
A1:I1；在"开始"选项卡中，单击"对齐方式"组中的"合并后居
中"按钮 合并后居中 。

图 4-15 "插入"对话框

④ 于"开始"选项卡的"字体"组中，在"字体"下拉列表
框中设置楷体，在"字号"下拉列表框中设置 14 号，用"加粗"按钮 **B** 对字体加粗，用"字体
颜色"按钮 A 设置字体为黄色，单击"填充颜色"按钮设置浅蓝色背景，操作结果如图 4-16
所示。

	A	B	C	D	E	F	G	H	I
1	职工工资表								
2	职工工号	姓名	性别	基本工资	奖金	交通补贴	房租	应发工资	实发工资
3	0130001	程俊	男	315	253	100	50	¥668	¥618
4	0130002	程宗文	男	285	230		40	¥615	¥575
5	0130003	单娟	女	490	300		45	¥890	¥845
6	0130004	董江波	男	200	100		35	¥400	*¥365*
7	0130005	傅珊珊	女	580	320		65	¥1,000	¥935
8	0130006	刘启立	女	612	450		50	¥1,162	¥1,112
9	0130007	何再前	女	500	258		40	¥858	¥818
10	0130008	黄威	男	300	230		45	¥630	¥585
11	0130009	黄芯	女	450	280		35	¥830	¥795
12	0130010	贾丽娜	女	200	100		60	¥400	*¥340*
13	0130011	简红强	男	280	220		55	¥600	¥545
14	0130012	刘念	男	360	240		45	¥700	¥655
15	0130013	谷金力	男	390	240		55	¥730	¥675
16	0130014	刘晓瑞	男	460	260		55	¥820	¥765
17	0130015	陆东兵	女	380	230		60	¥710	¥650
18							合计	¥11,013	¥10,278
19							平均值	¥734.2	¥685.2

图 4-16 设置"表标题"格式的结果

（12）将列标题设置为宋体、黑色、加粗字体，单元格填充颜色为白色，背景 1，深色 35%。
操作步骤（略）。

（13）将"职工工资表"的外边框设置为深蓝色的粗实线，内部表格线设置为深蓝色的细
实线。

操作步骤：

① 选定单元格区域 A1:I19。

② 在"开始"选项卡中，单击"字体"组中的"边框"右侧的 按钮，在弹出的下拉菜单
中选择"其他边框"命令，弹出"设置单元格格式"对话框，如图 4-17 所示；或者右击，在
弹出的快捷菜单中选择"设置单元格格式"命令。

③ 在该对话框中，选择"边框"选项卡，先在"样式"下拉列表框中选择粗实线，在"颜
色"下拉框中选择深蓝色，再在"预置"中选择"外边框"选项。

④ 在"样式"下拉列表框中选择细实线，在"颜色"下拉框中选择深蓝色，再在"预置"
中选择"内部"选项。

⑤ 单击"确定"按钮，完成设置。操作结果如图 4-18 所示。

图 4-17　"设置单元格格式"对话框

	A	B	C	D	E	F	G	H	I
1	职工工资表								
2	职工工号	姓名	性别	基本工资	奖金	交通补贴	房租	应发工资	实发工资
3	0130001	程俊	男	315	253	100	50	¥668	¥618
4	0130002	程宗文	男	285	230		40	¥615	¥575
5	0130003	单娟	女	490	300		45	¥890	¥845
6	0130004	董江波	男	200	100		35	¥400	¥365
7	0130005	傅珊珊	女	580	320		65	¥1,000	¥935
8	0130006	刘启立	女	612	450		50	¥1,162	¥1,112
9	0130007	何再前	女	500	258		40	¥858	¥818
10	0130008	黄威	男	300	230		45	¥630	¥585
11	0130009	黄芯	女	450	280		35	¥830	¥795
12	0130010	贾丽娜	女	200	100		60	¥400	¥340
13	0130011	简红强	男	280	220		55	¥600	¥545
14	0130012	刘念	男	360	240		45	¥700	¥655
15	0130013	谷金力	男	390	240		55	¥730	¥675
16	0130014	刘晓瑞	男	460	260		55	¥820	¥765
17	0130015	陆东兵	女	380	230		60	¥710	¥650
18							合计	¥11,013	¥10,278
19							平均值	¥734.2	¥685.2

图 4-18　完成边框设置的结果

（14）将"职工工资表"中的数据复制到工作表 Sheet2 中 A1 开始的区域，并将 Sheet2 重命名为"实验 6"，设置工作表标签颜色为红色。

操作步骤：

① 选定单元格区域 A1:I19。

② 按【Ctrl+C】组合键，然后选择工作表 Sheet2 的标签，打开工作表 Sheet2，再按【Ctrl+V】组合键，完成数据的复制。

③ 右击工作表 Sheet2 的标签，弹出快捷菜单，选择"重命名"命令，将工作表重命名为"实验 6"；在"工作表标签颜色"选项中选择"红色"。

（15）将"职工工资表"中"实发工资"列的数据设置保护，并将工作簿文件以文件名"实验 6（结果）.xlsx"另存到"D:\电子表格"目录下。

操作步骤：

① 选定所有单元格，在"开始"选项卡中，单击"单元格"组中的"格式"按钮，在弹出的下拉菜单中选择"设置单元格格式"命令，弹出"设置单元格格式"对话框；选择"保护"选项卡，取消"锁定"复选框的选择，单击"确定"按钮。

② 选定单元格区域 I3:I17，重新打开"设置单元格格式"对话框中的"保护"选项卡，选择"锁定"复选框。

③ 在"格式"按钮的下拉菜单中选择"保护工作表"命令,弹出"保护工作表"对话框,如图 4-19 所示;在该对话框中输入要取消保护时的密码,其他保持默认,单击"确定"按钮,在弹出的对话框中再重新确认输入密码即可完成操作。

④ 选择"文件"选项卡,在弹出的下拉菜单中选择"另存为"命令,弹出"另存为"对话框,在"保存位置"列表框中选择保存目录,在"文件名"文本框中输入"实验 6 (结果)",单击"保存"按钮。

图 4-19 "保护工作表"对话框

操作练习题

(1) 创建一个新的工作簿文件,以"求职简历"为文件名保存到"D:\电子表格"目录下。在工作表 Sheet1 中,如图 4-20 所示,输入求职简历的相关内容,并完成以下题目。

	A	B	C	D	E	F	G	H	I
1	求职简历								
2	个人情况	姓名		性别		出生年月		(近期照片)	
3		毕业院校		毕业时间		专业			
4		学历		学位		英语水平			
5		籍贯		民族		计算机水平			
6		政治面貌		联系电话		E-mail			
7	教育经历	起止时间		学校		学历			
8									
9									
10	工作经历	工作时间		工作单位及所在部门				职位	
11									
12									
13	自我评价								
14									
15									
16	爱好特长								
17									
18	个人荣誉								
19									
20									
21	应聘职位			期望的年收入					
22	备注								

图 4-20 "求职简历"相关内容

① 将第一行的单元格区域 A1:I1 合并居中,行高设置为"25",字体为黑体、18 号。

② 表格中其他部分的行高设置为"15",字体为宋体、12 号。

③ 分别将单元格区域 A2:A6 和 H2:I6 合并居中;将第 6 行以下其他对应的单元格区域合并,设置单元格内数据自动换行显示。

④ 分别将 H 列和 I 列的列宽设置为"4.25"。

⑤ 将表格中除标题外的其他部分数据区域的外边框设置为黑色的粗边框,内部表格线设置为黑色的细实线,操作结果,如图 4-21 所示。

(2) 创建一个新的工作簿文件,以"美化数据统计表"为文件名保存到"D:\电子表格"目录下。在工作表 Sheet1 中,输入图 4-22 所示的数据,并完成以下题目。

① 在第 1 行之前插入一行,在 A1 单元格中输入表标题"某篮球队员 2012 年末数据统计表"。

② 将 A1:G1 单元格区域合并居中,并将表标题设置为黑体、16 号、加粗。

图 4-21　"求职简历"效果

图 4-22　数据统计表

③ 将 A2:G8 单元格区域中的数据字体设置为 12 号，并"水平居中"和"垂直居中"显示。

④ 将比赛日期的数据格式设置为"2001 年 3 月 14 日"的格式。

⑤ 设置 B 列数据为"文本"格式。

⑥ 计算投篮命中率，将结果设置为百分比，并保留 1 位小数。

⑦ 每列调整为合适的列宽。

⑧ 选定 A2:G8 单元格区域，套用"套用表格格式"中"中等深浅"的一种，美化结果如图 4-23 所示。

比赛日期	对阵球队	得分	总篮板	投篮	投中	投篮命中率
某篮球队员2012年末数据统计表						
2012年11月3日	国王	14	10	8	6	75.0%
2012年11月6日	黄蜂	24	14	20	10	50.0%
2012年11月9日	魔术	17	4	15	6	40.0%
2012年11月11日	热队	20	14	22	8	36.4%
2012年11月13日	网队	18	2	7	5	71.4%
2012年11月14日	凯尔特人	22	10	16	10	62.5%

图 4-23　美化数据统计表

4.2　Excel 2010 高级操作

实训项目

一、实训目的

（1）掌握公式的输入和计算方法。

（2）熟练掌握常用函数的使用方法。

（3）理解数据清单的概念及创建方法。

（4）熟练掌握数据的排序操作。

（5）熟练掌握数据的分类汇总操作。

（6）熟练掌握数据的高级筛选操作。

（7）掌握数据透视表和数据透视图的创建方法。

二、实训内容

创建一个新的工作簿文件，以"实验 7.xlsx"为文件名保存到"D:\电子表格"目录下；如图 4 –24 所示，建立工作表 Sheet1，并完成如下操作：

	A	B	C	D	E	F	G	H	I	J	K
1	停车情况记录表						停车价目表				
2	车牌号	车型	单价	停车时间	应付金额		小轿车	中客车	大客车		
3	沪A12345	小轿车		8			8	10	12		
4	沪A32581	大客车		9							
5	沪A21584	中客车		4							
6	沪A66871	小轿车		5				汇总表			
7	沪A51271	中客车		7			车型	应付金额总和	排名		
8	沪A54844	大客车		3			小轿车				
9	沪A56894	小轿车		9			中客车				
10	沪A33221	中客车		7			大客车				
11	沪A68721	小轿车		8							
12	沪A33547	大客车		2							
13	沪A87412	中客车		3			应付金额大于等于50元的停车记录条数				
14	沪A52485	小轿车		9			最高的应付金额				
15	沪A45742	大客车		6							
16	沪A21588	中客车		4							

图 4-24　初始数据

（1）使用 IF 函数，对工作表 Sheet1 中的停车单价进行自动填充，要求：

根据工作表 Sheet1 中"停车价目表"中的价格，使用 IF 函数对"停车情况记录表"中的"单价"列根据不同的车型进行自动填充。

（2）使用公式，计算应付金额，结果以整数形式显示。

其中，应付金额=单价×停车时间。

（3）使用 SUMIF 函数，求出"汇总表"内各类车型的"应付金额总和"，并填入相应的单元格区域内。

（4）使用 RANK 函数，求出"汇总表"内各类车型的"排名"，并填入相应的单元格区域内。

（5）使用统计函数，对工作表 Sheet1 中的"停车情况记录表"统计出应付金额大于或等于 50 元的停车记录条数，并填入 K13 单元格中。

（6）统计最高的应付金额，并填入 K14 单元格中。

（7）将工作表 Sheet1 中的数据复制到工作表 Sheet2 中，并按应付金额升序排序，应付金额相同时，按单价升序排序。

（8）将工作表 Sheet1 中的数据复制到工作表 Sheet3 中，并按车型分类，分别对小轿车、中客车和大客车的应付金额进行求和及求平均汇总，结果显示在数据下方。

（9）用自定义筛选功能，将工作表 Sheet1 中应付金额大于或等于 80 或小于 40 的记录复制到工作表 Sheet4 中；再将工作表 Sheet1 中的记录全部显示。

（10）对工作表 Sheet1 中的"停车情况记录表"进行高级筛选，要求：

① 筛选条件为："车型"– 大客车 或 "应付金额"<=30；

② 将结果保存在工作表 Sheet1 中 A18 单元格开始的区域。

（11）根据工作表 Sheet1 中的"停车情况记录表"，创建一个显示各种车型所收费用的汇总数据透视表，要求：

① 行区域设置为"车型"；

② 数据区域设置为"应付金额",汇总方式为求和;

③ 将对应的数据透视表保存在新的工作表中。

(12)根据工作表 Sheet1 中的"停车情况记录表",创建一个显示各种车型所收费用的汇总数据透视图 Chart1,要求:

① X 轴字段设置为"车型";

② 数据区域设置为"应付金额",汇总方式为求和;

③ 将对应的数据透视表保存在 Sheet1 中 M1 单元格开始的区域。

三、实训操作步骤

(1)使用 IF 函数,对工作表 Sheet1 中的停车单价进行自动填充。

要求:根据工作表 Sheet1 中"停车价目表"中的价格,使用 IF 函数对"停车情况记录表"中的"单价"列根据不同的车型进行自动填充。

操作步骤:

① 选定 C3 单元格,在"公式"选项卡中,单击"函数库"组中或者编辑栏上的"插入函数"按钮 f_x,弹出"插入函数"对话框。

② 在该对话框的"或选择类别"下拉列表中选择"逻辑"命令,在"选择函数"列表框中选择"IF"选项,列表框的下方会出现关于该函数功能的简单提示,如图 4-25 所示。

③ 单击"确定"按钮,弹出"函数参数"对话框;在"Logical_test"文本框内输入"B3=$G$2",在"Value_if_true"文本框内输入"8",如图 4-26 所示;在"Value_if_false"文本框内单击编辑栏左侧的"IF"函数按钮,弹出一个内嵌的 IF"函数参数"对话框,在"Logical_test"文本框内输入"B3=$H$2",在"Value_if_true"文本框内输入"10",在"Value_if_false"文本框内输入"12",如图 4-27 所示,进行参数设置。

图 4-25 "插入函数"对话框

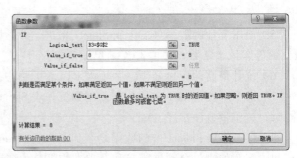

图 4-26 IF"函数参数"对话框

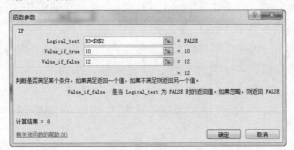

图 4-27 内嵌的 IF"函数参数"对话框

④ 单击"确定"按钮，完成 C3 单元格的计算。

⑤ 拖动 C3 单元格的填充柄，利用快速填充功能，完成其他单元格数据的计算。

（2）使用公式，计算应付金额，结果以整数形式显示。

其中，应付金额=单价*停车时间。

操作步骤：

① 选定 E3 单元格。

② 在单元格或者编辑栏中输入"=C3*D3"。

③ 按【Enter】键，完成 E3 单元格的计算，并利用快速填充功能，完成其他单元格数据的计算。

（3）使用 SUMIF 函数，求出"汇总表"内各类车型的"应付金额总和"，并填入相应的单元格区域内。

操作步骤：

① 选定 H8 单元格，在"公式"选项卡中，单击"函数库"组中或者编辑栏上的"插入函数"按钮 *fx*，弹出"插入函数"对话框。

② 在该对话框的"或选择类别"列表框中选择"数学和三角函数"命令，在"选择函数"列表框中选择"SUMIF"选项，列表框的下方会出现关于该函数功能的简单提示，如图 4-28 所示。

③ 单击"确定"按钮，弹出"函数参数"对话框，在"Range"文本框内选定单元格区域 B3:B16，在行号前分别加$符号；在"Criteria"文本框内单击 G8 单元格；"Sum-range"文本框内选定单元格区域 E3:E16，在行号前分别加$符号，如图 4-29 所示。

④ 单击"确定"按钮，完成 H8 单元格的计算，利用快速填充功能填充其他单元格的数据。

图 4-28　"插入函数"对话框

图 4-29　SUMIF 函数参数设置界面

（4）使用 RANK 函数，求出"汇总表"内各类车型的"排名"，并填入相应的单元格内。

操作步骤：

① 选定 I8 单元格，在"公式"选项卡中，单击"函数库"组中或者编辑栏上的"插入函数"按钮 *fx*，弹出"插入函数"对话框。

② 在该对话框的"或选择类别"列表框中选择"全部"命令，在"选择函数"列表框中选择"RANK"选项，列表框的下方会出现关于该函数功能的简单提示，如图 4-30 所示。

③ 单击"确定"按钮，弹出"函数参数"对话框，在"Number"文本框单击 H8 单元格；在"Ref"文本框内选定单元格区域 H8:H10，在行号前分别加$符号；Order 参数可以省略，如图 4-31 所示。

图 4-30　"插入函数"对话框　　　　　图 4-31　RANK 函数参数设置界面

④ 单击"确定"按钮，将 I8 单元格的数据求出，利用快速填充功能，完成其他单元格数据的计算。

（5）使用统计函数，对工作表 Sheet1 中的"停车情况记录表"统计出应付金额大于等于 50元的停车记录条数，并填入 K13 单元格中。

操作步骤：

① 选定 K13 单元格，在"公式"选项卡中，单击"函数库"组中或者编辑栏上的"插入函数"按钮 f_x，弹出"插入函数"对话框。

② 在该对话框的"或选择类别"列表框中选择"统计"命令，在"选择函数"列表框中选择"COUNTIF"选项，列表框的下方会出现关于该函数功能的简单提示，如图 4-32所示。

③ 单击"确定"按钮，弹出"函数参数"对话框，在"Range"文本框内选定单元格区域 E3:E16，在"Criteria"文本框内输入">=50"，如图 4-33 所示。

④ 单击"确定"按钮，即可将 K13 单元格的数据求出。

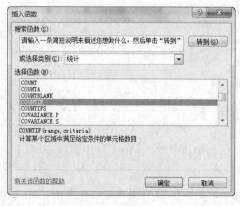

图 4-32　"插入函数"对话框　　　　　图 4-33　COUNTIF 函数参数设置界面

（6）统计最高的应付金额，并填入 K14 单元格中。

操作步骤：

① 选定 K14 单元格，在"公式"选项卡中，单击"函数库"组中或者编辑栏上的"插入函数"按钮 f_x，弹出"插入函数"对话框。

② 在该对话框的"或选择类别"列表框中选择"统计"命令，在"选择函数"列表框中

选择"MAX"选项，列表框的下方会出现关于该函数功能的简单提示，如图4-34所示。

③ 单击"确定"按钮，弹出"函数参数"对话框，在"Number1"文本框内选定单元格区域E3:E16，如图4-35所示。

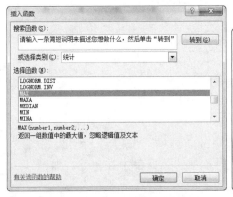 

图4-34 "插入函数"对话框   图4-35 MAX函数参数设置界面

④ 单击"确定"按钮，即可将K14单元格的数据求出。

（7）将工作表Sheet1中的数据复制到工作表Sheet2中，并按应付金额升序排序，应付金额相同时，按单价升序排序。

操作步骤：

① 数据复制的操作步骤省略。

② 选定数据清单区域中的任一单元格。

③ 在"数据"选项卡中，单击"排序和筛选"组中的"排序"按钮，弹出"排序"对话框；或者右击数据清单区域中的任一单元格，在弹出的快捷菜单中选择"排序"子菜单中的"自定义排序"命令，也可弹出"排序"对话框，如图4-36所示。

图4-36 "排序"对话框

④ 在"排序"对话框中，单击"添加条件"按钮，可以增加条件；在"主要关键字""排序依据"和"次序"下拉列表框中按照题目要求分别进行设置。

⑤ 全部设置完成，如图4-37所示，单击"确定"按钮，完成排序操作。

（8）将工作表Sheet1中的数据复制到工作表Sheet3中，并按车型分类，分别对小轿车、中客车和大客车的应付金额进行求和及求平均汇总，结果显示在数据下方。

操作步骤：

① 数据复制的操作步骤省略。

图 4-37 完成设置的"排序"对话框

② 选定数据清单区域中的任一单元格。

③ 在"数据"选项卡中，单击"排序和筛选"组中的"排序"按钮 📊，弹出"排序"对话框，按"车型"进行排序（升序或者降序），使相同车型的数据集中在一起，如图 4-38 所示。

④ 在"数据"选项卡中，单击"分级显示"组中的"分类汇总"按钮 📋，弹出"分类汇总"对话框。

⑤ 在该对话框中的"分类字段"下拉列表框中选择分类字段"车型"选项；在"汇总方式"下拉列表框中选择"求和"命令；在"选定汇总项"列表框中选中"应付金额"复选框，设置如图 4-39 所示。

	A	B	C	D	E
1	停车情况记录表				
2	车牌号	车型	单价	停车时间	应付金额
3	沪A32581	大客车	12	9	108
4	沪A54844	大客车	12	3	36
5	沪A33547	大客车	12	2	24
6	沪A45742	大客车	12	6	72
7	沪A12345	小轿车	8	8	64
8	沪A66871	小轿车	8	5	40
9	沪A56894	小轿车	8	9	72
10	沪A68721	小轿车	8	8	64
11	沪A52485	小轿车	8	9	72
12	沪A21584	中客车	10	4	40
13	沪A51271	中客车	10	7	70
14	沪A33221	中客车	10	7	70
15	沪A87412	中客车	10	3	30
16	沪A21588	中客车	10	4	40

图 4-38 排序结果

图 4-39 "分类汇总"对话框

⑥ 单击"确定"按钮，按"求和"汇总方式的操作结果，如图 4-40 所示。

⑦ 再次单击"分类汇总"按钮，弹出"分类汇总"对话框；在"汇总方式"下拉列表框中选择"平均值"命令；取消选中"替换当前分类汇总"复选框，单击"确定"按钮，操作结果如图 4-41 所示。

（9）用自定义筛选功能，将工作表 Sheet1 中应付金额大于等于 80 或小于 40 的记录复制到工作表 Sheet4 中；再将工作表 Sheet1 中的记录全部显示。

操作步骤：

① 在工作表 Sheet1 中，选定数据清单区域中的任一单元格。

② 在"数据"选项卡中，单击"排序和筛选"组中的"筛选"按钮 🔽，进入"自动筛选"状态，此时在标题行每列的右侧出现一个下拉按钮。单击"应付金额"列右侧的下拉按钮，在弹出的下拉列表中选择"数字筛选"子菜单中的"介于"命令。

1 2 3		A	B	C	D	E
1		停车情况记录表				
2		车牌号	车型	单价	停车时间	应付金额
3		沪A32581	大客车	12	9	108
4		沪A54844	大客车	12	3	36
5		沪A33547	大客车	12	2	24
6		沪A45742	大客车	12	6	72
7			大客车　汇总			240
8		沪A12345	小轿车	8	8	64
9		沪A66871	小轿车	8	5	40
10		沪A56894	小轿车	8	9	72
11		沪A68721	小轿车	8	8	64
12		沪A52485	小轿车	8	9	72
13			小轿车　汇总			312
14		沪A21584	中客车	10	4	40
15		沪A51271	中客车	10	7	70
16		沪A33221	中客车	10	7	70
17		沪A87412	中客车	10	3	30
18		沪A21588	中客车	10	4	40
19			中客车　汇总			250
20			总计			802

图 4-40　求和汇总结果

1 2 3 4		A	B	C	D	E
1		停车情况记录表				
2		车牌号	车型	单价	停车时间	应付金额
3		沪A32581	大客车	12	9	108
4		沪A54844	大客车	12	3	36
5		沪A33547	大客车	12	2	24
6		沪A45742	大客车	12	6	72
7			大客车　平均值			60
8			大客车　汇总			240
9		沪A12345	小轿车	8	8	64
10		沪A66871	小轿车	8	5	40
11		沪A56894	小轿车	8	9	72
12		沪A68721	小轿车	8	8	64
13		沪A52485	小轿车	8	9	72
14			小轿车　平均值			62.4
15			小轿车　汇总			312
16		沪A21584	中客车	10	4	40
17		沪A51271	中客车	10	7	70
18		沪A33221	中客车	10	7	70
19		沪A87412	中客车	10	3	30
20		沪A21588	中客车	10	4	40
21			中客车　平均值			50
22			中客车　汇总			250
23			总计平均值			57.28571
24			总计			802

图 4-41　最终汇总结果

③ 弹出"自定义自动筛选方式"对话框，在"应付金额"左侧列表中选择"大于或等于"命令，右侧的文本框中输入"80"；选择"或"单选按钮，在"小于"命令右侧的文本框中输入"40"，如图 4-42 所示。

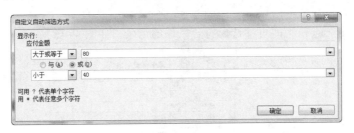

图 4-42　"自定义自动筛选方式"对话框

④ 单击"确定"按钮，筛选结果如图 4-43 所示。

⑤ 选定筛选结果，将其复制到工作表 Sheet4 中。

⑥ 在"数据"选项卡中，再次单击"排序和筛选"组中的"筛选"按钮，显示全部记录，取消每列的下拉箭头。

	A	B	C	D	E
1	停车情况记录表				
2	车牌号	车型	单价	停车时间	应付金额
4	沪A32581	大客车	12	9	108
8	沪A54844	大客车	12	3	36
12	沪A33547	大客车	12	2	24
13	沪A87412	中客车	10	3	30

图 4-43　筛选结果

（10）对工作表 Sheet1 中的"停车情况记录表"进行高级筛选，要求：

① 筛选条件为："车型" - 大客车　或　"应付金额"<=30；

② 将结果保存在工作表 Sheet1 中 A18 单元格开始的区域。

操作步骤：

① 将涉及的字段名"车型"和"应付金额"复制到数据清单右下方的空白处，然后不同字段隔行输入条件，如图 4-44 所示。

② 选定数据清单区域中的任一单元格。

③ 在"数据"选项卡中，单击"排序和筛选"组中的"高级"按钮，弹出"高级筛选"对话框。

	A	B	C	D	E	F	G	H
1			停车情况记录表					停车价目表
2	车牌号	车型	单价	停车时间	应付金额		小轿车	中客车
3	沪A12345	小轿车	8	8	64		8	10
4	沪A32581	大客车	12	9	108			
5	沪A21584	中客车	10	4	40			
6	沪A66871	小轿车	8	5	40			汇总表
7	沪A51271	中客车	10	7	70		车型	应付金额总和
8	沪A54844	大客车	12	3	36		小轿车	312
9	沪A56894	小轿车	8	9	72		中客车	250
10	沪A33221	中客车	10	7	70		大客车	240
11	沪A68721	小轿车	8	8	64			
12	沪A33547	大客车	12	2	24			
13	沪A87412	中客车	10	3	30		应付金额大于等于50元的	
14	沪A52485	小轿车	8	9	72			最
15	沪A45742	大客车	12	6	72			
16	沪A21588	中客车	10	4	40			
17								
18							车型	应付金额
19							大客车	
20								<=30

图 4-44　条件区域的设置

④ 在该对话框中，选择"将筛选结果复制到其他位置"单选按钮。

⑤ 在"列表区域"编辑框中会显示系统自动识别出的数据清单区域，若区域有问题可单击该编辑框右侧的区域按钮，重新设置"列表区域"。

⑥ 单击"条件区域"编辑框右侧的区域按钮，设置"条件区域"。

⑦ 光标定位到"复制到"编辑框中，单击 A18 单元格。

⑧ "高级筛选"对话框的设置，如图 4-45 所示。

⑨ 单击"确定"按钮，即可筛选出符合条件的记录，如图 4-46 所示。

图 4-45　"高级筛选"对话框

	A	B	C	D	E	F	G	H
1			停车情况记录表					停车价目表
2	车牌号	车型	单价	停车时间	应付金额		小轿车	中客车
3	沪A12345	小轿车	8	8	64		8	10
4	沪A32581	大客车	12	9	108			
5	沪A21584	中客车	10	4	40			
6	沪A66871	小轿车	8	5	40			汇总表
7	沪A51271	中客车	10	7	70		车型	应付金额总和
8	沪A54844	大客车	12	3	36		小轿车	312
9	沪A56894	小轿车	8	9	72		中客车	250
10	沪A33221	中客车	10	7	70		大客车	240
11	沪A68721	小轿车	8	8	64			
12	沪A33547	大客车	12	2	24			
13	沪A87412	中客车	10	3	30		应付金额大于等于50元的	
14	沪A52485	小轿车	8	9	72			
15	沪A45742	大客车	12	6	72			
16	沪A21588	中客车	10	4	40			
17								
18	车牌号	车型	单价	停车时间	应付金额		车型	应付金额
19	沪A32581	大客车	12	9	108		大客车	
20	沪A54844	大客车	12	3	36			<=30
21	沪A33547	大客车	12	2	24			
22	沪A87412	中客车	10	3	30			
23	沪A45742	大客车	12	6	72			

图 4-46　高级筛选结果

（11）根据工作表 Sheet1 中的"停车情况记录表"，创建一个显示各种车型所收费用的汇总数据透视表，要求：

① 行区域设置为"车型"；

② 数据区域设置为"应付金额"，汇总方式为求和；

③ 将对应的数据透视表保存在新的工作表中。

操作步骤：

① 选定数据清单区域中的任一单元格。

② 在"插入"选项卡中，单击"表格"组中的按钮 ，弹出"创建数据透视表"对话框，如图 4-47 所示。

③ 在该对话框的"表/区域"编辑框中会显示系统自动识别出的数据清单区域，若区域有问题可单击该编辑框右侧的区域按钮，重新设置"表/区域"。

④ 在"选择放置数据透视表的位置"中，选择"新工作表"单选按钮。

⑤ 单击"确定"按钮，弹出数据透视表的编辑界面，如图 4-48 所示。工作表中出现了一个空白的数据透视表，在其右侧出现的是"数据透视表字段列表"。此外，在功能区中出现了"数据透视表工具"/"选项"选项卡和"设计"选项卡。

图 4-47　"创建数据透视表"对话框

图 4-48　数据透视表的编辑界面

⑥ 将"车型"字段拖动到"行标签"框中，将"应付金额"字段拖动到"数值"框中，添加好数据透视表的效果，如图 4-49 所示。

图 4-49　数据透视表的效果

（12）根据工作表 Sheet1 中的"停车情况记录表"，创建一个显示各种车型所收费用的汇总数据透视图 Chart1，要求：

① X 轴字段设置为"车型";

② 数据区域设置为"应付金额",汇总方式为求和;

③ 将对应的数据透视表保存在 Sheet1 中 M1 单元格开始的区域。

操作步骤:

① 选定数据清单区域中的任一单元格。

② 在"插入"选项卡中,单击"表格"组中的"数据透视表"按钮 ,在弹出的下拉菜单中选择"数据透视图"命令,弹出"创建数据透视表及数据透视图"对话框。

③ 在该对话框的"表/区域"编辑框中会显示系统自动识别出的数据清单区域,若区域有问题可单击该编辑框右侧的区域按钮 ,重新设置"表/区域"。

④ 在"选择放置数据透视表及数据透视图的位置"中,选择"现有工作表"单选按钮;在"位置"文本框内选定 M1 单元格,如图 4-50 所示。

图 4-50 "创建数据透视表及数据透视图"对话框

⑤ 单击"确定"按钮,弹出数据透视表及数据透视图的编辑界面,如图 4-51 所示。工作表中出现了数据透视表和数据透视图,在其右侧出现的是"数据透视表字段列表"。此外,在功能区中出现了"数据透视表工具"/"选项"选项卡和"设计"选项卡。

图 4-51 数据透视表及数据透视图的编辑界面

⑥ 将"车型"字段拖拽到"轴字段"框中,将"应付金额"字段拖动到"数值"框中,添加好数据透视图的效果,如图 4-52 所示,同时生成对应的数据透视表。

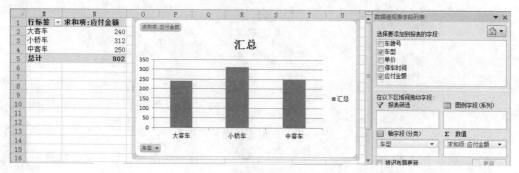

图 4-52 数据透视图的效果

操作练习题

创建一个新的工作簿文件，如图 4-53 所示，建立工作表 Sheet1，并完成以下第 1~8 题的操作：

（1）使用 REPLACE 函数，对工作表 Sheet1 中的"员工工号"进行升级，将结果填入表中的"升级员工工号"列。

员工姓名	员工工号	升级员工工号	性别	出生年月	年龄	参加工作时间	工龄	基本工资	职称	岗位级别	是否评选高级工程师		统计条件	统计结果
蔡超	PC726		男	1968年9月		1993年9月		600	助工	5级			男性员工的人数：	
曹丽娟	PC312		女	1983年10月		2005年5月		850	技术员	1级			高级工程师的人数：	
柴安华	PC331		男	1979年1月		1998年8月		1250	工程师	6级			工龄大于等于20年的人数：	
陈莉	PC923		女	1976年7月		1996年8月		500	助工	4级			女性员工的基本工资总和：	
张涛	PC401		男	1949年10月		1968年10月		680	技师	5级				
王小红	PC302		女	1961年8月		1985年7月		1900	高级工程师	8级				
陈昌	PC129		男	1964年11月		1988年11月		500	助工	5级				

图 4-53　初始数据

升级要求为：在 PC 后面加上 0。

（2）对工作表 Sheet1 中职称为"高级工程师"的蓝色加粗显示。

（3）使用日期与时间函数，对工作表 Sheet1 中员工的"年龄"和"工龄"进行计算，并将结果填入到表中的"年龄"列和"工龄"列中。

（4）使用统计函数，对工作表 Sheet1 中的数据，根据以下统计条件进行如下统计：

① 统计男性员工的人数，结果填入 O3 单元格中。

② 统计高级工程师的人数，结果填入 O4 单元格中。

③ 统计工龄大于等于 20 的人数，结果填入 O5 单元格中。

④ 统计女性员工的基本工资总和，结果填入 O6 单元格中。

（5）使用逻辑函数，判断员工是否有资格评"高级工程师"。

评选条件为：工龄大于等于 15，且职称为"工程师"的员工。

（6）对职称为"助工"的员工基本工资增加 30%（提示：可采取选择性粘贴方法）。

（7）对工作表 Sheet1 进行高级筛选，要求：

① 筛选条件为："性别"- 男 且 "年龄">50 且 "工龄">=20 或 "职称"- 高级工程师。

② 将结果保存在 Sheet1 中 A10 单元格开始的区域。

（8）根据工作表 Sheet1 中的数据，创建一张显示各个职称人数的数据透视图 Chart1，要求：

① X 轴字段设置为"职称"。

② 计数项为"职称"。

③ 将对应的数据透视表保存在工作表 Sheet2 中。

（9）在工作表中输入数据，如图 4-54 所示，计算服装的促销天数，填入对应的单元格内。提示：使用 DATE 函数。

（10）在工作表中输入停车时间表的数据，如图 4-55 所示，计算停车的小时数。提示：使用 HOUR 函数。

服装促销天数						
服装名称	开始时间			结束时间		促销天数
	年	月	日	月	日	
服装1	2012	7	15	10	5	
服装2	2012	8	2	9	16	
服装3	2012	10	1	11	10	

图 4-54　服装促销天数

停车时间表			
车牌号	停车开始时间	停车结束时间	停车小时数
浙A37622	8:40	10:30	
浙B34245	10:50	15:20	
浙A86336	9:20	13:25	

图 4-55　停车时间表

（11）在工作表中输入数据，如图 4-56 所示，根据时、分和秒的数值，计算开始时间。

（12）在工作表中输入某连锁超市季度销售量的数据，如图 4-57 所示，根据左侧的数据在相应的单元格内创建迷你折线图、柱状图和盈亏图，如图 4-58 所示。

	时	分	秒	开始时间
2	8	0	0	
3	9	10	15	
4	11	20	25	
5	13	55	14	
6	23	45	56	

图 4-56　计算开始时间

某连锁超市季度销售量						
	一季度	二季度	三季度	四季度	折线图	柱形图	盈亏
食品销售量	4000	3000	2800	3300			
服饰销售量	1800	3000	3200	2000			

图 4-57　某连锁超市季度销售量

某连锁超市季度销售量						
	一季度	二季度	三季度	四季度	折线图	柱形图	盈亏
食品销售量	4000	3000	2800	3300			
服饰销售量	1800	3000	3200	2000			

图 4-58　迷你图的创建

4.3　Excel 2010 综合应用

实训项目

一、实训目的

（1）熟练掌握函数参数的输入技巧。

（2）进一步提高统计函数的应用水平。

（3）掌握一个公式中涉及多个函数的使用方法。

（4）在数据填充过程中，进一步掌握绝对引用的使用方法。

（5）通过 Excel 2010 综合应用实验，进一步提高解决实际问题的能力。

二、实训内容

创建一个新的工作簿文件，以"实验 8.xlsx"为文件名保存到"D:\电子表格"目录下；如图 4-59 所示，建立工作表 Sheet1，其中"身份证号码"和"电话号码"为字符型，并完成以下操作：

学生成绩表												
学号	姓名	性别	专业	身份证号码	电话号码	高数	英语	C语言	总分	奖学金	总分排名是否在前3名	升级后的电话
201178990901	金建超	男	信管	372526199206154×××	0635-3230611	67	93	98				
201178990902	杨萍	女	经济	372526199402215×××	0635-3230613	76	63	95				
201178990903	张佳佳	女	英语	372526199303301×××	0635-3230614	80	99	98				
201178990904	俞伟	男	计算机	372526199308032×××	0635-3230615	83	64	97				
201178990905	王超	男	信管	372526199405128×××	0635-3230616	83	78	97				
201178990906	倪艳	女	英语	372526199411045×××	0635-3230617	85	71	90				
201178990907	洪莉	女	经济	372526199310032×××	0635-3230620	92	64	93				
201178990908	艾辰	男	信管	372526199303312×××	0635-3230623	93	72	97				
201178990909	王杰	男	经济	372526199311252×××	0635-3230623	96	73	86				
201178990910	洪颖	女	计算机	372526199309162×××	0635-3230624	97	87	94				
					信管专业总分：							
					大于85分的人数							
					女生平均分：							

图 4-59　初始数据

（1）在"身份证号码"列前插入一列，列标题为"班级"；在"身份证号码"后插入两列，列标题分别为"出生日期"和"年龄"，并调整为合适的列宽。

（2）使用 MID 函数，利用"学号"列的数据，计算并填充"班级"列的数据。

其中："班级"由"专业+学号第 10 位+班"组成，例如"信管 3 班"。

（3）使用 MID 函数和日期函数，根据"身份证号码"，计算"出生日期"，并将结果填充到"出生日期"列中。

（4）使用日期函数，计算每个学生的"年龄"，并将结果填充到"年龄"列。

（5）使用函数，计算每个同学的总分。

（6）对 C 语言成绩大于等于 90 分的女同学或者英语成绩大于等于 90 分的男同学奖励 500，否则不奖励，使用逻辑函数计算并将结果填充到"奖学金"列。

（7）使用函数，计算并填充 O 列中的数据。

（8）使用 REPLACE 函数，对每个学生的电话号码进行升级，并将升级后的电话号码填充到 P 列中。

升级过程为：在每个电话号码前面添加数字 8。

（9）计算信管专业学生各门功课的总分，并填入相应的单元格区域内。

（10）统计各门功课中大于 85 分的学生人数，并填入相应的单元格区域内。

（11）计算女生各门功课的平均分，并填入相应的单元格区域内。

（12）如图 4-60 所示，建立工作表 Sheet2，使用统计函数，统计英语成绩各个分数段的学生人数，并将统计结果保存在工作表 Sheet2 中的相应位置。

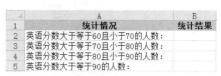

图 4-60　英语分数统计表

（13）将"学号""姓名""性别""高数""英语""C 语言"列的数据复制到工作表 Sheet3 中，并按性别分类，分别对男、女同学各门成绩进行求和及求平均汇总，并将结果显示在数据下方。

（14）对工作表 Sheet1 中的数据，筛选出 1994 年以后出生的学生记录，将筛选结果保存到工作表 Sheet1 中 A19 单元格开始的区域。

（15）将"学号""姓名""性别""专业""高数""英语""C 语言""总分"列的数据复制到新的工作表 Sheet4 中，创建一个显示对男、女同学的总分求平均的数据透视表，要求：

① 行区域设置为"性别"。

② 数据区域设置为"总分"，汇总方式为求平均。

③ 将数据透视表保存在工作表 Sheet4 中 A13 开始的单元格区域。

三、实训操作步骤

（1）在"身份证号码"列前插入一列，列标题为"班级"；在"身份证号码"后插入两列，列标题分别为"出生日期"和"年龄"，并调整为合适的列宽。

操作步骤：

① 将光标定位到 E 列的列号上，右击，在弹出的快捷菜单中选择"插入"命令，即可插入一列；在 E2 单元格输入"班级"。

② 将光标定位到 G 列的列号上，右击，在弹出的快捷菜单中选择"插入"命令，即可插入一列；在 G2 单元格输入"出生日期"；按照同样的方法，完成"年龄"列的插入。

③ 将光标定位到列号分隔线上，当光标变为双向箭头时，双击即可调整为合适的列宽。

（2）使用 MID 函数，利用"学号"列的数据，计算并填充"班级"列的数据。

其中："班级"由"专业+学号第 10 位+班"组成，例如，"信管 3 班"。

操作步骤：

① 选定 E3 单元格。

② 在单元格或者编辑栏中输入"="。

③ 选定 D3 单元格，然后输入"&"。

④ 在"公式"选项卡中，单击"函数库"组中或者编辑栏上的"插入函数"按钮 f_x，弹出"插入函数"对话框。

⑤ 在该对话框的"或选择类别"列表框中选择"文本"命令，在"选择函数"列表框中选择"MID"选项，列表框的下方会出现关于该函数功能的简单提示，如图 4-61 所示。

⑥ 单击"确定"按钮，弹出"函数参数"对话框，在"Text"文本框内选定 A3 单元格，在"Start_num"文本框内输入"10"，在"Num_chars"文本框内输入"1"，如图 4-62 所示，单击"确定"按钮，关闭"函数参数"对话框。

⑦ 再输入"&"，然后输入""班""，按【Enter】键。

图 4-61 "插入函数"对话框　　　　图 4-62 MID "函数参数"对话框

或者在单元格或编辑栏中直接输入"=D3&MID(A3,10,1)&"班""，按【Enter】键，完成 E3 单元格的计算。

⑧ 拖动 E3 单元格的填充柄或双击 E3 单元格的填充柄，利用快速填充功能，完成其他单元格数据的计算。

（3）使用 MID 函数和日期函数，根据"身份证号码"，计算"出生日期"，并将结果填充到"出生日期"列中。

操作步骤：

① 选定 G3 单元格。

② 在"公式"选项卡中，单击"函数库"组中或者编辑栏上的"插入函数"按钮 f_x，弹出"插入函数"对话框。

③ 在该对话框的"或选择类别"列表框中选择"日期与时间"命令，在"选择函数"列表框中选择"DATE"选项，列表框的下方会出现关于该函数功能的简单提示，如图 4-63 所示。

④ 单击"确定"按钮，弹出"函数参数"对话框，在"Year"文本框内输入"MID(F3,7,4)"，在"Month"文本框内输入"MID(F3,11,2)"，在"Day"文本框内输入"MID(F3,13,2)"，如图 4-64

所示，单击"确定"按钮。

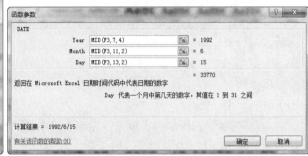

图 4-63 "插入函数"对话框

图 4-64 DATE "函数参数"对话框

或者在单元格或编辑栏中直接输入"=DATE(MID(F3,7,4),MID(F3,11,2),MID(F3,13,2))"，按【Enter】键。

⑤ 右击 G3 单元格，在弹出的快捷菜单中选择"设置单元格格式"命令；弹出"设置单元格格式"对话框，选择"数字"选项卡，在"分类"列表框中选择"日期"命令，在"类型"下方的列表框中选择"*2001/3/14"选项，单击"确定"按钮，完成 G3 单元格的计算和格式设置。

⑥ 拖动 G3 单元格的填充柄或双击 G3 单元格的填充柄，利用快速填充功能，完成其他单元格数据的计算。

（4）使用日期函数，计算每个学生的"年龄"，并将结果填充到"年龄"列。

操作步骤：

① 选定 H3 单元格。

② 在"公式"选项卡中，单击"函数库"组中或者编辑栏上的"插入函数"按钮 f_x，弹出"插入函数"对话框。

③ 在该对话框的"或选择类别"列表框中选择"日期与时间"命令，在"选择函数"列表框中选择"YEAR"选项，列表框的下方会出现关于该函数功能的简单提示，如图 4-65 所示。

④ 单击"确定"按钮，弹出"函数参数"对话框，在"Serial_number"文本框内输入"TODAY()"，如图 4-66 所示，单击"确定"按钮。

图 4-65 "插入函数"对话框

图 4-66 YEAR "函数参数"对话框

⑤ 在编辑栏中输入"-"，再次打开 YEAR 函数的"函数参数"对话框，在"Serial_number"文本框内选择 G3 单元格，按【Enter】键，完成 H3 单元格的计算。

或者在单元格或编辑栏中直接输入"=YEAR(TODAY())-YEAR(G3)"，按【Enter】键。

⑥ 设置 H3 单元格的数据格式为数值型，保留整数。

⑦ 拖动 H3 单元格的填充柄或双击 H3 单元格的填充柄，利用快速填充功能，完成其他单元格数据的计算。

（5）使用函数，计算每个同学的总分。

操作步骤：

① 选定 M3 单元格。

② 在"开始"选项卡中，单击"编辑"组中的"自动求和"按钮 Σ 自动求和，求和函数 SUM 出现在 M3 单元格中，默认参数 J3:L3 是正确的单元格区域，如图 4-67 所示，按【Enter】键即可完成 M3 单元格的求和。

③ 拖动 M3 单元格的填充柄，利用快速填充功能，完成其他单元格数据的计算。

	A	B	C	D	E	F	G	H	I	J	K	L	M	N	O
1	学生成绩表														
2	学号	姓名	性别	专业	班级	身份证号码	出生日期	年龄	电话号码	高数	英语	C语言	总分	奖学金	总分排名是否在前3名
3	201178990901	金建超	男	信管	信管9班	372526199206154×××	1992/6/15	21	0635-3230611	67	93	98	=SUM(J3:L3)		
4	201178990902	杨萍	女	经济	经济9班	372526199402215×××	1994/2/21	19	0635-3230613	76	63	95	SUM(number1, [number2], ...)		
5	201178990903	张佳佳	女	英语	英语9班	372526199303301×××	1993/3/30	20	0635-3230614	80	99	98			
6	201178990904	俞伟	男	计算机	计算机9班	372526199308302×××	1993/8/3	20	0635-3230615	83	64	97			
7	201178990905	王超	男	信管	信管9班	372526199405128×××	1994/5/12	19	0635-3230616	83	78	97			
8	201178990906	倪艳	女	英语	英语9班	372526199411045×××	1994/11/4	19	0635-3230617	85	71	90			
9	201178990907	洪莉	女	经济	经济9班	372526199310032×××	1993/10/3	20	0635-3230620	92	64	93			
10	201178990908	艾辰	男	信管	信管9班	372526199303312×××	1993/3/31	20	0635-3230621	93	72	97			
11	201178990909	王杰	男	经济	经济9班	372526199311252×××	1993/11/25	20	0635-3230623	96	73	86			
12	201178990910	洪颖	女	计算机	计算机9班	372526199309162×××	1993/9/16	20	0635-3230624	97	87	94			
13							信管专业总分：								
14							大于85分的人数								
15							女生平均分：								

图 4-67　默认参数的 SUM 函数

（6）对 C 语言成绩大于等于 90 分的女同学或者英语成绩大于等于 90 分的男同学奖励 500，否则不奖励，使用逻辑函数计算并将结果填充到"奖学金"列。

操作步骤：

① 选定 N3 单元格。

② 在"公式"选项卡中，单击"函数库"组中或者编辑栏上的"插入函数"按钮 fx，弹出"插入函数"对话框。

③ 在该对话框的"或选择类别"列表框中选择"逻辑"命令，在"选择函数"列表框中选择"IF"选项，列表框的下方会出现关于该函数功能的简单提示，如图 4-68 所示。

图 4-68　"插入函数"对话框

④ 单击"确定"按钮，弹出"函数参数"对话框，在"Logical_test"文本框内输入"C3="女""；在"Value_if_true"文本框内输入"IF(L3>=90,500,0)"；在"Value_if_false"文本框内输入"IF(K3>=90,500,0)"，如图 4-69 所示，单击"确定"按钮，完成 N3 单元格的计算。

⑤ 拖动 N3 单元格的填充柄，利用快速填充功能，完成其他单元格数据的计算。

图 4-69　IF "函数参数"对话框 1

（7）使用函数，计算并填充 O 列中的数据。

操作步骤：

① 选定 O3 单元格。

② 在 "公式" 选项卡中，单击 "函数库" 组中或者编辑栏上的 "插入函数" 按钮 fx，弹出 "插入函数" 对话框。

③ 在该对话框的 "或选择类别" 列表框中选择 "逻辑" 命令，在 "选择函数" 列表框中选择 "IF" 选项，列表框的下方会出现关于该函数功能的简单提示。

④ 单击 "确定" 按钮，弹出 "函数参数" 对话框，在 "Logical_test" 文本框内输入 "RANK(M3,M$3:M$12)<=3"；在 "Value_if_true" 文本框内输入 ""是""；在 "Value_if_false" 文本框内输入 ""否""，如图 4-70 所示，单击 "确定" 按钮，完成 O3 单元格的计算。

图 4-70　IF "函数参数"对话框 2

⑤ 拖动 O3 单元格的填充柄，利用快速填充功能，完成其他单元格数据的计算。

（8）使用 REPLACE 函数，对每个学生的电话号码进行升级，并将升级后的电话号码填充到 P 列中。

升级过程为：在每个电话号码前面添加数字 8。

操作步骤：

① 选定 P3 单元格。

② 在 "公式" 选项卡中，单击 "函数库" 组中或者编辑栏上的 "插入函数" 按钮 fx，弹出 "插入函数" 对话框。

③ 在该对话框的 "或选择类别" 中选择 "文本" 命令，在 "选择函数" 列表框中选择 "REPLACE" 选项，列表框的下方会出现关于该函数功能的简单提示，如图 4-71 所示。

④ 单击 "确定" 按钮，弹出 "函数参数" 对话框，在 "Old_text" 文本框内选择 I3 单元格；

在 "Start_num" 文本框内输入 "6"；在 "Num_chars" 文本框内输入 "0"；在 "New_text" 文本框内输入 "8"，如图 4-72 所示，单击 "确定" 按钮，完成 P3 单元格的计算。

 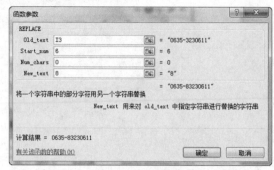

图 4-71 "插入函数"对话框   图 4-72 REPLACE "函数参数"对话框

⑤ 拖动 P3 单元格的填充柄，利用快速填充功能，完成其他单元格数据的计算。

（9）计算信管专业学生各门功课的总分，并填入相应的单元格区域内。

操作步骤：

① 选定 J13 单元格。

② 在 "公式" 选项卡中，单击 "函数库" 组中或者编辑栏上的 "插入函数" 按钮 fx，弹出 "插入函数" 对话框。

③ 在该对话框的 "或选择类别" 中选择 "数学与三角函数" 命令，在 "选择函数" 列表框中选择 "SUMIF" 选项，列表框的下方会出现关于该函数功能的简单提示，如图 4-73 所示。

④ 单击 "确定" 按钮，弹出 "函数参数" 对话框，在 "Range" 文本框内选定单元格区域 D3:D12，并且在列号前加$符号；在 "Criteria" 文本框内输入 ""信管""；在 "Sum-range" 文本框内选定单元格区域 J3:J12，如图 4-74 所示。

图 4-73 "插入函数"对话框   图 4-74 SUMIF "函数参数"对话框

⑤ 单击 "确定" 按钮，将 J13 单元格的数据求出，利用快速填充功能，完成其他单元格数据的计算。

（10）统计各门功课中大于 85 分的学生人数，并填入相应的单元格区域内。

操作步骤：

① 选定 J14 单元格，在 "公式" 选项卡中，单击 "函数库" 组中或者编辑栏上的 "插入函数" 按钮 fx，弹出 "插入函数" 对话框。

② 在该对话框的"或选择类别"列表框中选择"统计"命令,在"选择函数"列表框中选择"COUNTIF"选项,列表框的下方会出现关于该函数功能的简单提示,如图 4-75 所示。

③ 单击"确定"按钮,弹出"函数参数"对话框,在"Range"文本框内选定单元格区域 J3:J12,在"Criteria"文本框内输入""">85""",如图 4-76 所示。

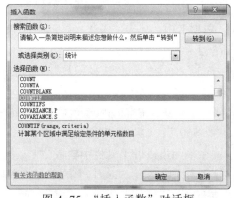

图 4-75　"插入函数"对话框　　　　图 4-76　COUNTIF"函数参数"对话框

④ 单击"确定"按钮,即可将 J14 单元格的数据求出,利用快速填充功能,完成其他单元格数据的计算。

(11)计算女生各门功课的平均分,并填入相应的单元格区域内。

操作步骤:

① 选定 J15 单元格。

② 在"公式"选项卡中,单击"函数库"组中或者编辑栏上的"插入函数"按钮 fx,弹出"插入函数"对话框。

③ 在该对话框的"或选择类别"中选择"数学与三角函数"命令,在"选择函数"列表框中选择"SUMIF"选项,列表框的下方会出现关于该函数功能的简单提示。

④ 单击"确定"按钮,弹出"函数参数"对话框,在"Range"文本框内选定单元格区域 C3:C12,并且在列号前加$符号;在"Criteria"文本框内输入""女"";在"Sum-range"文本框内选定单元格区域 J3:J12,如图 4-77 所示。

⑤ 单击"确定"按钮,在编辑栏内输入"/"。

⑥ 在该对话框的"或选择类别"列表框中选择"统计"命令,在"选择函数"列表框中选择"COUNTIF"选项,列表框的下方会出现关于该函数功能的简单提示。

⑦ 单击"确定"按钮,弹出"函数参数"对话框,在"Range"文本框内选定单元格区域 C3:C12,并且在列号前加$符号;在"Criteria"文本框内输入""女"",如图 4-78 所示。

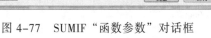

图 4-77　SUMIF"函数参数"对话框　　　图 4-78　COUNTIF"函数参数"对话框

⑧ 单击"确定"按钮，即可将 J15 单元格的数据求出，利用快速填充功能，完成其他单元格数据的计算。

（12）按图 4-59 所示的数据建立工作表 Sheet2，使用统计函数，统计英语成绩各个分数段的学生人数，并将统计结果保存在工作表 Sheet2 中的相应位置。

操作步骤：

① 选定工作表 Sheet2 中的 B2 单元格，在"公式"选项卡中，单击"函数库"组中或者编辑栏上的"插入函数"按钮 f_x，弹出"插入函数"对话框。

② 在该对话框的"或选择类别"列表框中选择"统计"命令，在"选择函数"列表框中选择"COUNTIF"选项，列表框的下方会出现关于该函数功能的简单提示。

③ 单击"确定"按钮，弹出"函数参数"对话框，在"Range"文本框内选定工作表 Sheet1 中的单元格区域 K3:K12，在"Criteria"文本框内输入"">=60""，如图 4-79 所示。

④ 单击"确定"按钮，关闭"函数参数"对话框；在单元格或者编辑栏中输入"-"。

⑤ 再次打开 COUNTIF 函数参数对话框，"Range"文本框内选定 Sheet1 中的单元格区域 K3:K12，在"Criteria"文本框内输入"">=70""，如图 4-80 所示。

图 4-79 COUNTIF"函数参数"对话框 1

图 4-80 COUNTIF"函数参数"对话框 2

⑥ 单击"确定"按钮，关闭"函数参数"对话框，计算出"大于等于 60 且小于 70"分数段的学生人数。

⑦ 依照同样的操作步骤计算其他分数段的学生人数，如图 4-81 所示。

（13）将"学号""姓名""性别""高数""英语""C 语言"列的数据复制到工作表 Sheet3 中，并按性别分类，分别对男、女同学各门成绩进行求和及求平均汇总，并将结果显示在数据下方。

操作步骤：

① 在工作表 Sheet1 中，选择单元格区域 A2:C12，按【Ctrl+C】组合键完成复制；在工作表 Sheet2 中，选定 A1 单元格，按【Ctrl+V】组合键完成粘贴。

② 同样的方法，完成 "高数""英语"和"C 语言"列数据的复制操作，完成数据清单的创建，结果如图 4-82 所示。

	A	B
1	统计情况	统计结果
2	英语分数大于等于60且小于70的人数：	3
3	英语分数大于等于70且小于80的人数：	4
4	英语分数大于等于80且小于90的人数：	1
5	英语分数大于等于90的人数：	2

图 4-81 分数段的统计结果

	A	B	C	D	E	F
1	学号	姓名	性别	高数	英语	C语言
2	201178990901	金建超	男	67	93	98
3	201178990902	杨萍	女	76	63	95
4	201178990903	张佳佳	女	80	99	98
5	201178990904	俞伟	男	83	64	97
6	201178990905	王超	男	83	78	97
7	201178990906	倪艳	女	85	71	90
8	201178990907	洪莉	女	92	64	93
9	201178990908	艾辰	男	93	72	97
10	201178990909	王杰	男	96	73	86
11	201178990910	洪颖	女	97	87	94

图 4-82 数据清单的创建

③ 选定数据清单区域中的任一单元格。

④ 在"数据"选项卡中，单击"排序和筛选"组中的"排序"按钮，弹出"排序"对话框，按"性别"进行排序（升序或者降序），使相同性别的数据集中在一起，如图 4-83 所示。

⑤ 在"数据"选项卡中，单击"分级显示"组中的"分类汇总"按钮，弹出"分类汇总"对话框。

⑥ 在该对话框中的"分类字段"下拉列表框中选择分类字段"性别"命令；在"汇总方式"下拉列表框中选择"求和"命令；在"选定汇总项"列表框中选中"高数""英语"和"C语言"复选框，如图 4-84 所示。

	A	B	C	D	E	F
1	学号	姓名	性别	高数	英语	C语言
2	201178990901	金建超	男	67	93	98
3	201178990904	俞伟	男	83	64	97
4	201178990905	王超	男	83	78	97
5	201178990908	艾辰	男	93	72	97
6	201178990909	王杰	男	96	73	86
7	201178990902	杨萍	女	76	63	95
8	201178990903	张佳佳	女	80	99	98
9	201178990906	倪艳	女	85	71	90
10	201178990907	洪莉	女	92	64	93
11	201178990910	洪颖	女	97	87	94

图 4-83　排序结果　　　　　　　　　图 4-84　"分类汇总"对话框

⑦ 单击"确定"按钮，按"求和"汇总方式的操作结果，如图 4-85 所示。

⑧ 再次单击"分类汇总"按钮，在"汇总方式"下拉列表框中选择"平均值"命令；取消"替换当前分类汇总"复选框，单击"确定"按钮，操作结果如图 4-86 所示。

图 4-85　求和汇总结果　　　　　　　　　图 4-86　最终汇总结果

（14）对工作表 Sheet1 中的数据，筛选出 1994 年以后出生的学生记录，将筛选结果保存到工作表 Sheet1 中 A19 单元格开始的区域。

操作步骤：

① 将 G2 单元格的内容复制到 A16 单元格，在 A17 单元格内输入">=1994-1-1"（不输入双引号），条件区域的设置，如图 4-87 所示。

② 选定数据清单区域中的任一单元格。

③ 在"数据"选项卡，单击"排序和筛选"组中的"高级"按钮，弹出"高级筛选"对话框。

④ 在该对话框中，选择"将筛选结果复制到其他位置"单选按钮。

	A	B	C	D	E	F	G	H	I	J	K	L	M	N	O	P
2	学号	姓名	性别	专业	班级	身份证号码	出生日期	年龄	电话号码	高数	英语	C语言	总分	奖学金	总分排名是否在前3名	升级后的电话
3	201178990901	金建超	男	信管	信管9班	372526199206154×××	1992/6/15	21	0635-3230611	67	93	98	258	500	否	0635-83230611
4	201178990902	杨萍	女	经济	经济9班	372526199402215×××	1994/2/21	19	0635-3230613	76	63	95	234	500	否	0635-83230613
5	201178990903	张佳佳	女	英语	英语9班	372526199303301×××	1993/3/30	20	0635-3230614	80	99	98	277	500	是	0635-83230614
6	201178990904	俞伟	男	计算机	计算机9班	372526199308032×××	1993/8/3	20	0635-3230615	83	64	97	244	0	否	0635-83230615
7	201178990905	王超	男	信管	信管9班	372526199405128×××	1994/5/12	19	0635-3230616	83	78	97	258	0	否	0635-83230616
8	201178990906	倪艳	女	英语	英语9班	372526199411045×××	1994/11/4	19	0635-3230617	85	71	90	246	500	否	0635-83230617
9	201178990907	洪莉	女	经济	经济9班	372526199310032×××	1993/10/3	20	0635-3230620	92	64	93	249	500	否	0635-83230620
10	201178990908	艾辰	男	信管	信管9班	372526199303312×××	1993/3/31	20	0635-3230621	93	72	97	262	0	是	0635-83230621
11	201178990909	王杰	男	经济	经济9班	372526199311252×××	1993/11/25	20	0635-3230623	96	73	86	255	0	否	0635-83230623
12	201178990910	洪颖	女	计算机	计算机9班	372526199309162×××	1993/9/16	20	0635-3230624	97	87	94	278	500	是	0635-83230624
13									信管专业总分:	243	243	292				
14									大于85分的人数	4	3	10				
15									女生平均分:	86	76.8	94				
16	出生日期															
17	>=1994-1-1															

图 4-87 条件区域的设置

⑤ 在"列表区域"编辑框中会显示系统自动识别出的数据清单区域，若区域有问题可单击该编辑框右侧的区域按钮，重新设置"列表区域"。

⑥ 单击"条件区域"编辑框右侧的区域按钮，设置"条件区域"。

⑦ 光标定位到"复制到"编辑框中，单击 A19 单元格。

⑧ "高级筛选"对话框的设置，如图 4-88 所示。

⑨ 单击"确定"按钮，即可筛选出符合条件区域的数据，如图 4-89 所示。

图 4-88 "高级筛选"对话框

	A	B	C	D	E	F	G	H	I	J	K	L	M	N	O	P
16	出生日期															
17	>=1994-1-1															
18																
19	学号	姓名	性别	专业	班级	身份证号码	出生日期	年龄	电话号码	高数	英语	C语言	总分	奖学金	总分排名是否在前3名	升级后的电话
20	201178990902	杨萍	女	经济	经济9班	372526199402215×××	1994/2/21	19	0635-3230613	76	63	95	234	500	否	0635-83230613
21	201178990905	王超	男	信管	信管9班	372526199405128×××	1994/5/12	19	0635-3230616	83	78	97	258	0	否	0635-83230616
22	201178990906	倪艳	女	英语	英语9班	372526199411045×××	1994/11/4	19	0635-3230617	85	71	90	246	500	否	0635-83230617

图 4-89 高级筛选结果

（15）将"学号""姓名""性别""专业""高数""英语""C 语言""总分"列的数据复制到新的工作表 Sheet4 中，创建一个显示对男、女同学的总分求平均的数据透视表，要求：

① 行区域设置为"性别"。

② 数据区域设置为"总分"，汇总方式为求平均。

③ 将数据透视表保存在工作表 Sheet4 中 A13 开始的单元格区域。

操作步骤：

① 选定数据清单区域中的任一单元格。

② 在"插入"选项卡，单击"表格"组中的按钮，弹出"创建数据透视表"对话框。

③ 在该对话框的"表/区域"编辑框中会显示系统自动识别出的数据清单区域，若区域有问题可单击该编辑框右侧的区域按钮，重新设置"表/区域"；选择"现有工作表"单选按钮，在"位置"编辑框中选择 A13 单元格，如图 4-90 所示。

图 4-90 "创建数据透视表"对话框

④ 单击"确定"按钮，弹出数据透视表的编辑界面，工作表中出现了数据透视表，在其右侧出现的是"数据透视表字段列表"，如图 4-91 所示。此外，在功能栏中出现了"数据透视表工具" / "选项"选项卡和"设计"选项卡。

图 4-91 数据透视表的编辑界面

⑤ 将"性别"字段拖动到"行标签"框中，将"总分"字段拖动到"数值"框中，添加好数据透视表的效果，如图 4-92 所示。

图 4-92 初始数据透视表的效果

⑥ 在右侧的"数据透视表字段列表"任务窗格中，单击"求和项：总分"按钮，在弹出的快捷菜单中选择"值字段设置"选项。

⑦ 弹出"值字段设置"对话框，在"计算类型"区域中选择"平均值"命令，如图 4-93 所示；单击左下方的"数字格式"按钮，弹出"设置单元格格式"对话框，在"小数位数"文本框内输入"1"，单击"确定"按钮，退出"设置单元格格式"对话框。

图 4-93 "值字段设置"对话框

⑧ 单击“值字段设置”对话框的“确定”按钮，创建好的数据透视表的效果，如图 4-94 所示。

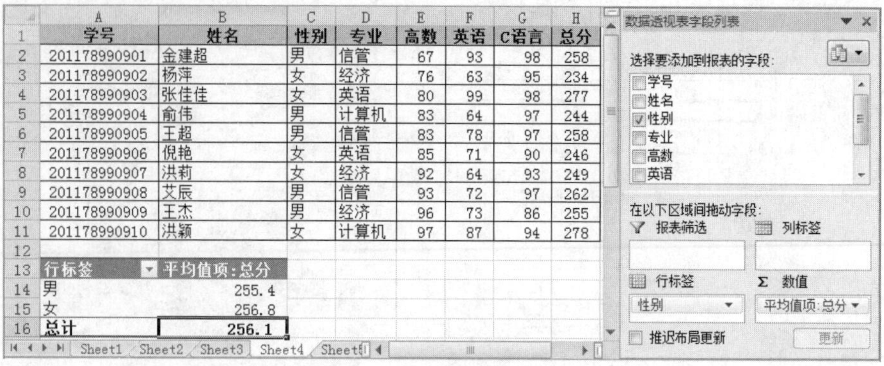

	A	B	C	D	E	F	G	H
1	学号	姓名	性别	专业	高数	英语	C语言	总分
2	201178990901	金建超	男	信管	67	93	98	258
3	201178990902	杨萍	女	经济	76	63	95	234
4	201178990903	张佳佳	女	英语	80	99	98	277
5	201178990904	俞伟	男	计算机	83	64	97	244
6	201178990905	王超	男	信管	83	78	97	258
7	201178990906	倪艳	女	英语	85	71	90	246
8	201178990907	洪莉	女	经济	92	64	93	249
9	201178990908	艾辰	男	信管	93	72	97	262
10	201178990909	王杰	男	经济	96	73	86	255
11	201178990910	洪颖	女	计算机	97	87	94	278
12								
13	行标签	平均值项:总分						
14	男	255.4						
15	女	256.8						
16	总计	256.1						

图 4-94 数据透视表的效果

操作练习题

创建一个新的工作簿文件，如图 4-95 所示，建立工作表 Sheet1，完成以下第 1~7 题的操作。

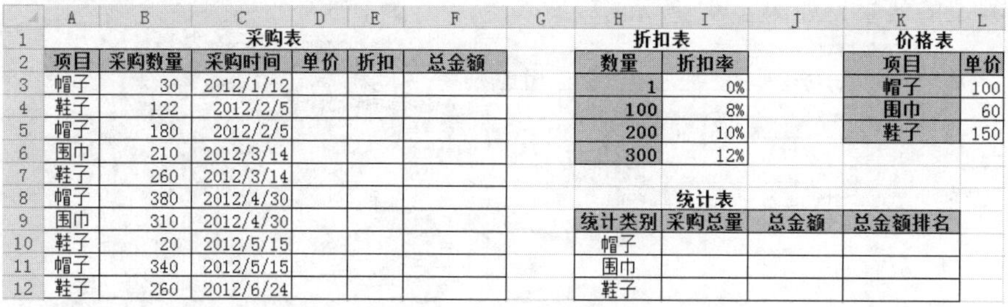

采购表

项目	采购数量	采购时间	单价	折扣	总金额
帽子	30	2012/1/12			
鞋子	122	2012/2/5			
帽子	180	2012/2/5			
围巾	210	2012/3/14			
鞋子	260	2012/3/14			
帽子	380	2012/4/30			
围巾	310	2012/4/30			
鞋子	20	2012/5/15			
帽子	340	2012/5/15			
鞋子	260	2012/6/24			

折扣表

数量	折扣率
1	0%
100	8%
200	10%
300	12%

价格表

项目	单价
帽子	100
围巾	60
鞋子	150

统计表

统计类别	采购总量	总金额	总金额排名
帽子			
围巾			
鞋子			

图 4-95 初始数据

（1）使用 VLOOKUP 函数，对工作表 Sheet1 中的商品单价进行自动填充。

要求：根据“价格表”中的商品单价，利用 VLOOKUP 函数，将其单价自动填充到采购表中的“单价”列中。

（2）使用 VLOOKUP 函数，对工作表 Sheet1 中的商品折扣率进行自动填充。

注意：根据“折扣表”中的商品折扣率，利用相应的函数，将其折扣率自动填充到采购表中的“折扣”列中。

（3）利用公式，计算工作表 Sheet1 中的“总金额”。

注意：根据“采购数量”“单价”和“折扣”，计算采购的“总金额”，结果保留整数。

计算公式：单价*采购数量*（1-折扣率）

（4）使用 SUMIF 函数，统计各种商品的“采购总量”和“总金额”，将结果保存在工作表 Sheet1 中的“统计表”相应的单元格内。

（5）使用 RANK 函数，求出各种商品总金额的“排名”，将结果保存在工作表 Sheet1 中的

"统计表"相应的单元格内。

（6）对工作表 Sheet1 的"采购表"进行高级筛选。

① 筛选条件为："采购数量">200，"折扣率">10%。

② 将筛选结果保存在工作表 Sheet1 中 A14 开始的区域中。

（7）根据工作表 Sheet1 中的采购表，新建一个数据透视图 Chart1，要求：

① 该图形显示每个采购时间点所采购的所有项目数量的汇总情况。

② X 轴字段设置为"采购时间"。

③ 将对应的数据透视表保存在工作表 Sheet2 中。

创建一个新的工作簿文件，如图 4-96 所示，建立工作表 Sheet1，完成以下第 8~12 题的操作。

产品	瓦数	寿命（小时）	商标	单价	每盒数量	采购盒数	总价		条件区域1：		
白炽灯	90	3000	上海	5.5	6	5			商标	产品	瓦数
氖管	100	2000	上海	2.5	10	2			上海	白炽灯	<100
氖管	10	8000	北京	1.0	20	6					
白炽灯	80	1000	上海	0.5	8	8			条件区域2：		
日光灯	120	5000	上海	1.5	10	4			产品	瓦数	瓦数
日光灯	95	3000	上海	3.0	12	10			白炽灯	>=80	<=100
			情况			计算结果					
商标为上海，瓦数小于100的白炽灯的平均单价：											
产品为白炽灯，其瓦数大于等于80且小于等于100的盒数：											
		0573-83645566									
是否为文本											

图 4-96 初始数据

（8）使用公式，计算工作表 Sheet1 中每种产品的总价，将结果保存到表中的"总价"列中。

计算总价的计算方法为："单价*每盒数量*采购盒数"。

（9）在工作表 Sheet1 中，利用数据库函数及已设置好的条件区域，计算以下情况的结果，并将结果保存在相应的单元格中。

① 计算：商标为上海，其瓦数小数 100 的白炽灯的平均单价。

② 计算：产品为白炽灯，其瓦数大于等于 80 且小于等于 100 的盒数。

（10）使用函数，对工作表 Sheet1 中的 C13 单元格中的内容进行判断，判断其是否为文本，如果是，结果为"TRUE"；如果不是，结果为"FALSE"，并将结果保存在工作表 Sheet1 中的 C14 单元格中。

（11）工作表 Sheet1 进行高级筛选，要求：

① 筛选条件："产品为白炽灯，商标为上海"。

② 将结果保存在 A16 开始的区域中。

（12）根据工作表 Sheet1 中的数据，创建一张数据透视表，保存在新的工作表中，要求：

① 显示不同商标的不同产品的采购数量。

② 行区域设置为"产品"。

③ 列区域设置为"商标"。

（13）在工作表中输入数据，如图 4-97 所示，计算节假日对应的年月日和星期，结果填入相应的单元格区域中，如图 4-98 所示。提示：使用 DATE 函数和 WEEKDAY 函数。

（14）在工作表中输入数据，如图 4-99 所示，使用逻辑函数在 B3 中完成一个公式，并使用此公式通过拖动填充柄对单元格区域 B3:J11 进行填充，得到九九乘法表，如图 4-100 所示。

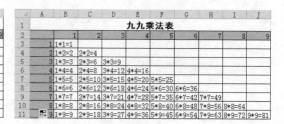

2013年节假日表				
年份	2013			
节假日名称	日期		年月日	星期
	月	日		
元旦节	1	1		
清明节	4	4		
劳动节	5	1		
国庆节	10	1		
圣诞节	12	25		

图 4-97 节假日表

2013年节假日表				
年份	2013			
节假日名称	日期		年月日	星期
	月	日		
元旦节	1	1	2013/1/1	2
清明节	4	4	2013/4/4	4
劳动节	5	1	2013/5/1	3
国庆节	10	1	2013/10/1	2
圣诞节	12	25	2013/12/25	3

图 4-98 计算结果

九九乘法表									
	1	2	3	4	5	6	7	8	9
1									
2									
3									
4									
5									
6									
7									
8									
9									

图 4-99 待完成的九九表

九九乘法表									
	1	2	3	4	5	6	7	8	9
1	1*1=1								
2	1*2=2	2*2=4							
3	1*3=3	2*3=6	3*3=9						
4	1*4=4	2*4=8	3*4=12	4*4=16					
5	1*5=5	2*5=10	3*5=15	4*5=20	5*5=25				
6	1*6=6	2*6=12	3*6=18	4*6=24	5*6=30	6*6=36			
7	1*7=7	2*7=14	3*7=21	4*7=28	5*7=35	6*7=42	7*7=49		
8	1*8=8	2*8=16	3*8=24	4*8=32	5*8=40	6*8=48	7*8=56	8*8=64	
9	1*9=9	2*9=18	3*9=27	4*9=36	5*9=45	6*9=54	7*9=63	8*9=72	9*9=81

图 4-100 九九乘法表

注意：只能使用一个公式完成图 4-100 所示的九九乘法表。

第  章

PowerPoint 2010操作实训

5.1 PowerPoint 2010 基本操作

实训项目

一、实训目的

（1）掌握演示文稿的创建、编辑与格式化的基本操作。

（2）掌握在幻灯片中插入图片、表格、图表、声音和视频的方法。

（3）掌握修改幻灯片主题、版式、背景和主题方案的方法。

二、实训内容

（1）打开一个"空白演示文稿"，制作"计算机科学学院.pptx"演示文稿，其中包括"计算机科学学院的历史""计算机科学学院荣誉""丰富多彩的学院活动""计算机科学学院专业设置""先进的实训中心"等内容，篇幅为 10 页，其中首页标题为"计算机科学学院简介"，标题文字设置为宋体，65 号字。

（2）在该演示文稿的第 2 张幻灯片中插入文本框，输入文字"学院历史"；在第 3 张幻灯片中插入图表（计算机科学学院各专业人数分布）；在第 4 张幻灯片中插入合适的图片；在其他幻灯片合适位置插入声音文件等可视化项目。

（3）将第 10 张幻灯片删除。

（4）将第 2 张、第 5 张幻灯片依次复制到最后。

（5）将第 1 张幻灯片的文档主题设为"暗香扑面"，其余幻灯片的文档主题设为"凤舞九天"。

（6）按照以下要求设置并应用幻灯片的母版：

① 将首页所应用的标题母版的标题样式设置为黑体，60 号字。

② 将其他页面所应用的一般幻灯片母版的标题样式设置为楷体，50 号字，并插入"信阳职业技术学院"校徽，在日期区插入日期（格式参考"2017 年 6 月 20 日"），在页脚区插入幻灯片编号（即页码）。

（7）将第 6 张幻灯片的背景填充效果设置为"红日西斜"。

（8）对于建立的演示文稿，进行以下主题方案的设置：

① 新建一个自定义主题方案，其中颜色如下：

a. 文字/背景 深色1：RGB 值分别为 51、51、0；

b. 文字/背景 浅色1：RGB 值分别为 255、255、204；

c. 文字/背景 深色2：RGB 值分别为 102、51、0；

d. 文字/背景 浅色2：RGB 值分别为 204、236、255。

完成后，将名称改为"主题 1"，并应用到第 1 张幻灯片。

② 再新建一个主题方案，其中颜色如下：

a. 文字/背景 深色1：RGB 值分别为 0、51、0；

b. 文字/背景 浅色1：RGB 值分别为 102、255、255；

c. 文字/背景 深色2：RGB 值分别为 0、0、102；

d. 文字/背景 浅色2：RGB 值分别为 204、204、255。

完成后，将名称改为"主题 2"，并应用到除第 1 张幻灯片以外的所有幻灯片。

（9）将演示文稿定义为"演讲者放映（全屏幕）"放映方式。

（10）将演示文稿保存在 D 盘根目录下，文件名为"计算机科学学院.pptx"。

三、实训操作步骤

（1）打开一个"空白演示文稿"，制作"计算机科学学院.pptx"演示文稿，其中包括"计算机科学学院的历史""计算机科学学院荣誉""丰富多彩的学院活动""计算机科学学院专业设置""先进的实训中心"等内容，篇幅为 10 页，其中首页标题为"计算机科学学院简介"，标题文字设置为宋体，65 号字。

操作步骤：

① 选择"文件"选项卡中的"新建"命令，单击"空白演示文稿"按钮，再选择窗口右侧的"创建"按钮，PowerPoint 会打开一个没有任何设计方案和示例的空白幻灯片，如图 5-1 所示。

图 5-1　新建演示文稿

② 在"单击此处添加标题"框中输入"计算机科学学院简介",选中后右击,在弹出的快捷菜单中选择"字体"命令,弹出"字体"对话框,在"中文字体"中选择"宋体",在"大小"中输入 65,最后单击"确定"按钮,如图 5-2 所示。

图 5-2　"字体"对话框

（2）在该演示文稿的第 2 张幻灯片中插入文本框,输入文字"学院历史";在第 3 张幻灯片中插入图表（计算机科学学院各专业人数分布);在第 4 张幻灯片中插入合适的图片;在其他幻灯片合适位置插入声音文件等可视化项目。

操作步骤:

① 在左侧大纲窗格中,选中第 1 张幻灯片,右击,在弹出的快捷菜单中选择"新建幻灯片"命令,如图 5-3 所示,按照和步骤（1）一样的方法输入相应标题和文字。若要更换幻灯片版式,则单击"开始"选项卡"幻灯片"组中的"版式"按钮,如图 5-4 所示,弹出下拉列表,选择所需的版式即可。按照相同的方法插入总共 10 张幻灯片。

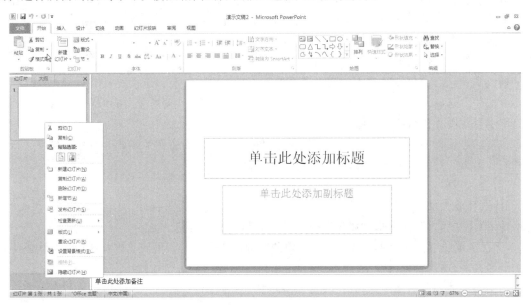

图 5-3　新建幻灯片

② 插入文本框。选中第 2 张幻灯片,单击"插入"选项卡"文本"组中"文本框"按钮,选择下拉菜单中的"横排文本框"或"垂直文本框"命令。在幻灯片中直接绘制文本框,输入文本"学院历史"即可。

③ 插入图表。选中第 3 张幻灯片,在"插入"选项卡"插图"组中,单击"图表"按钮,或者单击幻灯片中占位符内的 ![] 按钮,弹出图 5-5 所示的对话框。

选择所需的图表类型,例如,选择列表中的柱形图,系统将弹出 Excel 窗口用以输入相关的数据内容,用户输入数据即可。

图 5-4 修改幻灯片版式

图 5-5 "插入图表"对话框

④ 插入图片。选中第 4 张幻灯片，选择以下两种方法之一：

方法一：在"插入"选项卡"插图"组中，单击"图片"按钮，在弹出的对话框中选择相应的图片，单击"插入"按钮，可以将用户选择的来自文件的图片插入到选定的幻灯片中。

方法二：在"插入"选项卡"插图"组中，单击"剪贴画"按钮，弹出"剪贴画"任务窗格，可以将系统提供的剪贴画插入到选定的幻灯片中。

插入图片以后，可以对插入的图片进行编辑，操作的方法有以下两种：

方法一：选择图片，出现"图片工具/格式"选项卡，在"调整""图片样式""排列""大小"组中可对图片进行相应的编辑。

方法二：选择图片，右击，在弹出的快捷菜单中选择"设置图片格式"命令，弹出"设置图片格式窗口"对话框，进行相应的格式设置即可。

⑤ 插入声音：

a. 选择要添加声音的幻灯片。

b. 单击"插入"选项卡"媒体"组中的"音频"下拉按钮。

c. 在出现的下拉列表中，选择"文件中的音频"命令，在弹出的"插入音频"对话框中选择需要插入的音频文件。

如果需要使用剪辑库中的声音，可以选择"剪贴画音频"命令，在弹出的"剪贴画"窗格中，选取所需要的音频文件；如果需要录制自己的声音，可以选择"录制音频"命令。

插入声音文件后幻灯片中会出现一个喇叭图标，再通过"音频工具"选项卡，完成音频设置。

（3）将第 10 张幻灯片删除。

操作步骤：

选中第 10 张幻灯片，选择以下两种方法之一：

方法一：在左侧大纲窗格幻灯片选项卡下，选择要删除的幻灯片，然后右击，在弹出的快捷菜单中选择"删除幻灯片"命令即可。

方法二：在左侧大纲窗格幻灯片选项卡下，选择要删除的幻灯片，按【Delete】键即可。

（4）将第 2 张、第 5 张幻灯片依次复制到最后。具体操作步骤如下：

在左侧大纲窗格中，选定第 2 张幻灯片，右击，在弹出的快捷菜单中选择"复制"命令，再将光标定位到最后一张幻灯片，右击，在弹出的快捷菜单中选择"粘贴选项"中的"使用目标主题"命令即可。使用同样的方法完成第 5 张幻灯片的复制。

（5）将第 1 张幻灯片的文档主题设为"暗香扑面"，其余幻灯片的文档主题设为"凤舞九天"。操作步骤：

① 在左侧大纲窗格中，选定第 1 张幻灯片（见图 5-6），在"设计"选项卡"主题"组中找到"暗香扑面"文档主题（查找时只要将光标指针定位到某张文档主题上就会出现该文档主题的名称，若没有找到则单击右侧下拉列表）。

图 5-6 "主题"选项

② 在找到的"暗香扑面"文档主题上右击，在弹出的快捷菜单中选择"应用于选定幻灯片"命令，则将该文档主题应用到第 1 张幻灯片上。

③ 选择除第 1 张幻灯片外的其他幻灯片（先选定第 2 张幻灯片，按【Shift】键，再选定最后一张幻灯片即可），在"主题"组中找到"凤舞九天"文档主题，右击，在弹出的快捷菜单中选择"应用于选定幻灯片"命令，则将该文档主题应用到除第 1 张幻灯片以外的其他幻灯片上。

（6）按照以下要求设置并应用幻灯片的母版：

① 将首页所应用的标题母版的标题样式设置为黑体，60 号字。

② 将其他页面所应用的一般幻灯片母版的标题样式设置为楷体，50 号字，并插入信阳职业技术学院的校徽，在日期区插入日期（格式参考"2017 年 6 月 20 日"），在页脚区插入幻灯片编号（即页码）。

操作步骤：

① 选定第 1 张幻灯片，单击"视图"选项卡"母版视图"组中的"幻灯片母版"按钮，切换到幻灯片母版视图。

由于该演示文稿应用了两种文档主题，所以在大纲窗格中会出现编号为 1，2 的母版组，分别是"暗香扑面"幻灯片母版和"凤舞九天"幻灯片母版，将光标指针定位到某个幻灯片母版上，会弹出提示信息显示，提示哪几张幻灯片使用了该母版。

② 选中"暗香扑面"幻灯片母版下，光标指针提示信息为"标题幻灯片版式，由幻灯片 1 使用"的母版，单击"单击此处编辑母版标题样式"，将字体设置为黑体，60 号字。

③ 选中"凤舞九天"幻灯片母版，光标指针提示信息为"标题和内容版式，由幻灯片 2-9 使用"的母版，单击"单击此处编辑母版标题样式"，将字体设置为楷体，50 号字。

④ 单击"插入"选项卡"图像"组中的"图片"按钮，选择校徽图片存放的路径，单击"插入"按钮，将选择的图片插入到幻灯片母版中，并调整到合适的位置。

⑤ 单击左下侧"日期区"，再单击"插入"选项卡"文本"组中的"日期和时间"按钮，弹出图 5-7 所示的对话框，选择题目要求的日期格式，并选中"自动更新"复选框，最后单击"确定"按钮。

⑥ 单击"页脚"区，再单击"插入"选项卡"文本"组中的"幻灯片编号"按钮，在页脚区出现"#"，代表幻灯片页码已插入。

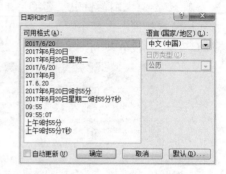

⑦ 选择"幻灯片母版"选项卡"关闭母版视图"命令，退出母版编辑状态。

图 5-7 "日期和时间"对话框

如果除第 1 张幻灯片以外的幻灯片中看不到插入的"日期和时间"和"页脚"，则先选中除第 1 张幻灯片以外的所有幻灯片，再单击"插入"选项卡"文本"组中的"日期和时间"按钮或"幻灯片编号"按钮，弹出图 5-8 所示的对话框，选中"日期和时间"和"页脚"复选框，最后单击"应用"按钮即可。

（7）将第 6 张幻灯片的背景填充效果设置为"红日西斜"。

操作步骤：

① 选中第 6 张幻灯片。

② 单击"设计"选项卡"背景"组中的"背景样式"按钮，弹出"背景样式"库。

③ 单击"背景样式"列表的"设置背景格式"命令，在弹出的对话框中选择"渐变填充"单选按钮，如图 5-9 所示，在"预设颜色"下拉列表中选择"红日西斜"命令，最后单击"关闭"按钮。

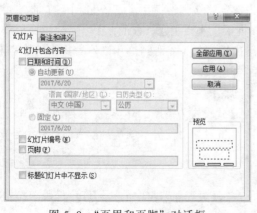

图 5-8 "页眉和页脚"对话框

图 5-9 "设置背景格式"对话框

（8）对于建立的演示文稿，进行以下主题方案的设置：

① 新建一个自定义主题方案，其中颜色如下：

a. 文字/背景−深色 1：RGB 值分别为 51、51、0；

b. 文字/背景−浅色 1：RGB 值分别为 255、255、204；

c. 文字/背景−深色 2：RGB 值分别为 102、51、0；

d. 文字/背景−浅色 2：RGB 值分别为 204、236、255。

完成后，将名称改为"主题 1"，并应用到第 1 张幻灯片。

② 再新建一个主题方案，其中颜色如下：

a. 文字/背景−深色 1：RGB 值分别为 0、51、0；

b. 文字/背景−浅色 1：RGB 值分别为 102、255、255；

c. 文字/背景−深色 2：RGB 值分别为 0、0、102；

d. 文字/背景−浅色 2：RGB 值分别为 204、204、255。

完成后，将名称改为"主题 2"，并应用到除第 1 张幻灯片以外的所有幻灯片。

操作步骤：

① 选中第 1 张幻灯片，再单击"设计"选项卡"主题"组中的"颜色"按钮，弹出内置颜色列表，选择底部"新建主题颜色"命令，弹出图 5-10 所示的对话框。单击"文字/背景−深色

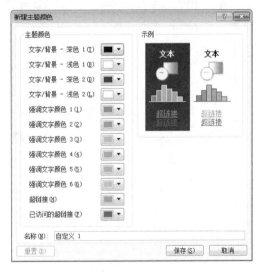

1"右侧下拉按钮，在弹出的下拉列表中选择"其他颜色"命令，弹出"颜色"对话框，选择"自定义"选项卡，如图 5-11 所示，在"红色""绿色""蓝色"文本框中分别输入数值，其余的按照相同的方法设置。当颜色全部设置完毕，再单击"确定"按钮，回到图 5-10 所示的对话框，在底部"名称"中输入"主题 1"，并单击"保存"按钮，自动添加到标准主题方案中并同时应用到第 1 张幻灯片。

② 选中除第 1 张以外的所有幻灯片，按照和步骤①一样的方法操作即可。

（9）将演示文稿定义为"演讲者放映（全屏幕）"放映方式。

操作步骤：

图 5-10　"新建主题颜色"对话框

单击"幻灯片放映"选项卡"设置"组中的"设置幻灯片放映"按钮，弹出图 5-12 所示的对话框，在"放映类型"中选择"演讲者放映（全屏幕）"单选按钮，最后单击"确定"按钮。

图 5-11　"颜色"对话框

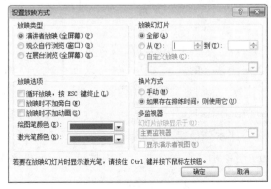

图 5-12　"设置放映方式"对话框

（10）将演示文稿保存在 D 盘根目录下，文件名为"计算机科学学院.pptx"。

保存演示文稿的方法有以下三种：

① 选择"文件"选项卡中的"保存"命令。

② 单击快速访问工具栏上的"保存"按钮。

③ 使用【Ctrl+S】组合键。

执行以上命令后，如果当前文档是第一次保存，将会弹出"另存为"对话框，在"保存位置"中设置保存位置；在"文件名"文本框中输入文件名称，在"保存类型"中选择要保存文件的类型，如果文件需要在低版本上运行，保存时需选择"PowerPoint 97-2003 演示文稿（ *.ppt ）"类型；如果文件需要保存为自定义模板，保存时需选择"PowerPoint 模板（ *.potx ）"类型；如果需要将演示文稿存为每次打开时自动放映的类型，保存时需选择"PowerPoint 放映（ *.ppsx ）"类型，然后单击"保存"按钮即可。

如果当前文档已经保存过，当对其进行了编辑修改而需要重新保存时，执行以上命令后，将在原有的位置以原有的文件名保存。如果需要将修改前和修改后的演示文稿同时保留，则需要选择"文件"选项卡中的"另存为"命令，操作方法和文档第一次保存的方法一样，只是这种保存方法会再产生一个演示文稿。

操作练习题

（1）使用"空白演示文稿"制作"自我介绍.pptx"演示文稿，内容自定义，篇幅为 10 页，其中首页标题为"自我简介"，标题文字设置为幼圆，65 号字，红色。

（2）在该演示文稿的第 2 张幻灯片中插入文本框，输入文字"自我风采"；第 3 张幻灯片中插入图表（学历简介）；第 4 张幻灯片中插入合适的图片；在其他幻灯片合适位置插入声音文件等可视化项目。

（3）在第 6 张幻灯片之前插入一张幻灯片。

（4）将第 2 张、第 5 张两张幻灯片位置交换。

（5）将第 1 张幻灯片的文档主题设为"行云流水"，其余幻灯片的文档主题设为"市镇"。

（6）按照以下要求设置并应用幻灯片的母版：

① 对于首页所应用的标题母版，将其中的标题样式设置为黑体，60 号字。

② 对于其他页面所应用的一般幻灯片母版，将其中的标题样式设置为楷体，50 号字，并插入你所在学校校徽。

（7）将其中的第 6 张幻灯片的背景填充效果设置为"雨后初晴"。

（8）对于建立的演示文稿，进行以下主题方案的设置：

① 对第 1 张幻灯片，应用内置的"波形"主题方案。

② 除第 1 张幻灯片以外的所有幻灯片，应用内置的"华丽"主题方案。

（9）将演示文稿定义为"演讲者放映（全屏幕）"放映方式。

（10）将演示文稿保存在 D 盘根目录下，文件名为"自我介绍.pptx"。

5.2　PowerPoint 2010 的放映

实训项目

一、实训目的

（1）掌握设置幻灯片动画效果的方法。
（2）掌握超链接和动作按钮的使用。
（3）掌握幻灯片切换设置的方法。
（4）掌握自定义放映的使用。
（5）掌握设置幻灯片的放映方法。

二、实训内容

打开实训项目 1 中完成的"计算机科学学院.pptx"演示文稿，完成以下操作：

（1）设置幻灯片切换方式。要求：效果为"随机线条"；幻灯片的换页方式为单击或过 2 s 自动播放；在切换时，并伴随"爆炸"声；应用到所有的幻灯片，观看放映效果。

（2）在第 2 张幻灯片中插入艺术字"计算机科学学院"，设置其进入的动画效果为"百叶窗"。

（3）在第 2 张幻灯片中插入一幅剪贴画（自选），设置其在单击标题"计算机科学学院"时进入，动画效果为"向内溶解"。

（4）在第 3 张幻灯片中，写一个文本"链接至第 5 张幻灯片"，单击后，转到第 5 张幻灯片。在第 5 张幻灯片中，插入一个文本框"返回首页"，单击后，返回到第 1 张幻灯片。

（5）在第 4 张幻灯片中添加一个自定义动作按钮，在其上输入文字"画图软件"，单击该按钮，打开 Windows 自带的画图软件。

（6）设置放映方式为"循环放映，按【Esc】键终止"。

（7）将第 1、3、5、7、9 张幻灯片定义成自定义放映。

（8）将演示文稿打包成 CD，并将 CD 命名为"我的 CD 演示文稿"，并将其复制到指定位置（D 盘根目录），文件夹名与 CD 命名相同。

三、实训操作步骤

（1）设置幻灯片切换方式。要求：效果为"随机线条"；幻灯片的换页方式为单击或过 2 s 自动播放；在切换时，并伴随"爆炸"声；应用到所有的幻灯片，观看放映效果。

操作步骤：

① 打开"计算机科学学院.pptx"演示文稿。

② 选择"切换"选项卡，如图 5-13 所示。

③ 在"切换到此幻灯片"组中选择"随机线条"命令；在"声音"中选择"爆炸"命令；在"换片方式"中同时选择"单击鼠标时"复选框和"设置自动换片时间"复选框，并输入时间间隔 2 s，则按指定间隔时间或单击切换幻灯片。

④ 单击"计时"中的"全部应用"按钮，则应用到演示文稿中所有的幻灯片上。

⑤ 切换到幻灯片放映视图，观看放映效果。

图 5-13　"切换"选项卡

（2）在第 2 张幻灯片中插入艺术字"计算机科学学院"，设置其进入的动画效果为"百叶窗"。

操作步骤：

① 选中第 2 张幻灯片，单击"插入"选项卡"文本"组中的"艺术字"按钮，弹出图 5-14 所示的下拉列表，将光标定位到艺术字型上，单击选择所需艺术字样式。幻灯片中将出现"请在此放置您的文字"占位符，直接输入"计算机科学学院"，调整到合适位置即可。

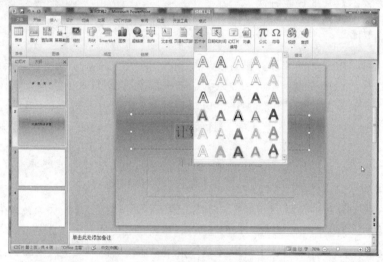

图 5-14　插入艺术字

② 选中"计算机科学学院"占位符，单击"动画"选项卡"高级动画"组中的"添加动画"下拉按钮，在出现的下拉列表中选择"更多进入效果"命令，弹出图 5-15 所示的对话框，在其中选择"百叶窗"命令，最后单击"确定"按钮。

（3）在第 2 张幻灯片中插入一幅剪贴画（自选），设置其在单击标题"计算机科学学院"时进入，动画效果为"向内溶解"。

操作步骤：

① 选中第 2 张幻灯片，单击"插入"选项卡"图像"组中的"剪贴画"按钮，在右侧任务窗格中选中一幅合适的剪贴画，右击或单击剪贴画右侧的下拉按钮，在弹出的快捷菜单中选择"插入"命令，再将选中的剪贴画拖放到合适的位置即可。

② 选中步骤①中插入的剪贴画，单击"动画"选项卡"高级动画"组下的"添加动画"下拉按钮，在弹出的下拉列表中选择"更多进入效果"命令，弹出图 5-15 所示的对话框，在其中选择"向内溶解"命令，最后单击"确定"按钮。

③ 单击"高级动画"组中的"动画窗格"按钮，在右侧出现的动画窗格中，选择剪贴画对象并右击，在弹出的快捷菜单中选择"计时"命令，在弹出的对话框中单击"触发器"按钮，此时对话框如图 5-16 所示。在其对话框的"开始"中选择"单击时"命令，再选择"单击下

列对象时启动效果"单选按钮,在其右侧下拉列表中选择"标题 1:学院历史",最后单击"确定"按钮。

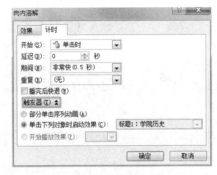

图 5-15　"添加进入效果"对话框　　　　　　　图 5-16　"计时"选项卡

（4）在第 3 张幻灯片中,写一个文本"链接至第 5 张幻灯片",单击后,转到第 5 张幻灯片。在第 5 张幻灯片中,插入一个文本框"返回首页",单击后,返回到第 1 张幻灯片。

操作步骤:

① 选中第 3 张幻灯片,插入一个文本框,并输入文字"链接至第 5 张幻灯片"。

② 选中文本框对象并右击,在弹出的快捷菜单中选择"超链接"命令,弹出"插入超链接"对话框,在左侧选择"本文档中的位置",在"请选择文档中的位置"下拉列表中选择第 5 张幻灯片,最后单击"确定"按钮。如果弹出的快捷菜单中无"超链接"命令,则单击"插入"选项卡"链接"组中的"超链接"按钮,也能弹出图 5-17 所示的对话框。

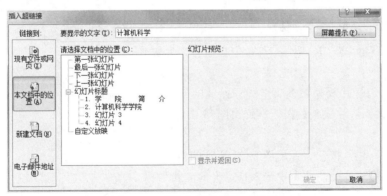

图 5-17　"插入超链接"对话框

③ 按照同样的方法,在第 5 张幻灯片中,插入一个文本框"返回首页",创建超链接,实现单击后返回到第 1 张幻灯片。

（5）在第 4 张幻灯片中添加一个自定义动作按钮,在其上输入文字"画图软件",单击该按钮,打开 Windows 自带的画图软件。

操作步骤:

① 选中第 4 张幻灯片,单击"插入"选项卡"插图"组中的"形状"按钮,在出现的下

拉列表最下面的"动作按钮"形状中选择所需的动作按钮，拖放到合适位置，放开鼠标，弹出"动作设置"对话框。

② 查找文件名为"mspaint.exe"的文件所存放的位置。

③ 在图 5-18 所示的对话框中，先选择"运行程序"单选按钮，再单击"浏览"按钮，按照步骤②搜索到的路径，找到"mspaint.exe"文件，最后单击"确定"按钮。

④ 选中插入的自定义动作按钮，右击，在弹出的快捷菜单中选择"编辑文字"命令，最后输入文字"画图软件"即可。

（6）设置放映方式为"循环放映，按【Esc】键终止"。

操作步骤：

单击"幻灯片放映"选项卡"设置"组中的"设置幻灯片放映"按钮，弹出图 5-19 所示的对话框，在"放映选项"中选择"循环放映，按 ESC 键终止"复选框，最后单击"确定"按钮。

图 5-18 "动作设置"对话框

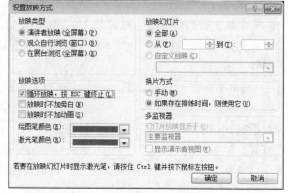

图 5-19 "设置放映方式"对话框

（7）将第 1、3、5、7、9 张幻灯片定义成自定义放映。

操作步骤：

① 单击"幻灯片放映"选项卡"开始放映幻灯片"组中的"自定义幻灯片放映"按钮，弹出图 5-20 所示的对话框。

② 单击"新建"按钮，弹出图 5-21 所示的对话框。

③ 在"幻灯片放映名称"中输入自定义的放映名称。

④ 在"在演示文稿中的幻灯片"列表框中，显示了

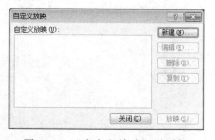

图 5-20 "自定义放映"对话框

当前演示文稿中所有幻灯片的编号和标题。选择其中所需的幻灯片，然后单击"添加"按钮，选定的幻灯片被添加到右侧的"在自定义放映中的幻灯片"列表框中。

⑤ 选择完毕，单击"确定"按钮即可。

（8）将演示文稿打包成 CD，并将 CD 命名为"我的 CD 演示文稿"，并将其复制到指定位置（D 盘根目录），文件夹名与 CD 命名相同。

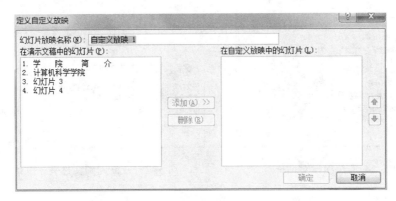

图 5-21　"定义自定义放映"对话框

操作步骤：

① 选择"文件"选项卡中的"保存并发送"命令，选择"将演示文稿打包成 CD"选项，如图 5-22 所示。

图 5-22　"将演示文稿打包成 CD"面板

② 单击"打包成 CD"按钮，弹出"打包成 CD"对话框，单击"添加"按钮，选择要进行打包的文件并确认，如图 5-23 所示。单击"选项"按钮，弹出"选项"对话框，如图 5-24 所示，可选择演示文稿中所用到的链接文件，如果使用特殊字体，则需要选中"嵌入的 TrueType 字体"复选框，还可以设置打开或修改文件的密码。再单击"复制到文件夹"按钮，弹出图 5-25 所示的对话框，设置打包后的路径和文件夹的名称，最后单击"确定"按钮即可。

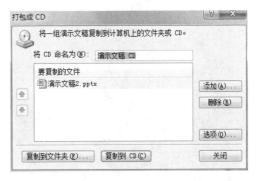

图 5-23　"打包成 CD"对话框

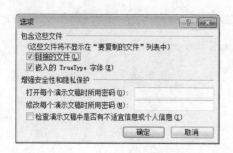
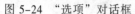

图 5-24 "选项"对话框

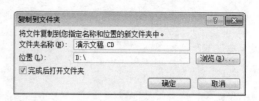

图 5-25 "复制到文件夹"对话框

操作练习题

对实训项目 1 的操作练习题中建立的"自我介绍"演示文稿进行以下操作：

（1）设置幻灯片切换方式。要求：效果为"随机线条"；幻灯片的换页方式为"单击"或"过 2 s 自动播放"；在切换时，并伴随"爆炸"声；应用到所有的幻灯片，观看放映效果。

（2）设置第 1 张幻灯片中的图片的动画效果，使在放映时伴随着打字机的声音从右侧飞入，观看放映效果。

（3）设置放映方式为"放映时不加旁白"。

（4）对第 1 张幻灯片和第 3 张幻灯片进行循环放映。

（5）在第 1 张幻灯片中，写一个文本"优缺点"，单击后，转到第 3 张幻灯片。

（6）在第 1 张幻灯片中，添加一个动作按钮，要求当单击该按钮时结束放映。

（7）保存文稿，并将文稿发布为 Web。

第 6 章

计算机网络应用实训

6.1　Internet Explorer 浏览器的使用

实训项目

一、实训目的

（1）熟练掌握 IE8 的基本操作方法。

（2）掌握 IE8 的选项设置。

（3）熟练掌握收藏夹的管理和搜索引擎的使用方法。

（4）掌握保存 Internet 信息的方法。

二、实训内容

（1）IE8 浏览器的启动及网页浏览。

（2）IE8 浏览器设置为默认浏览器。

（3）IE8 菜单栏的显示和隐藏。

（4）更改主页为信阳职业技术学院网站。

（5）将信阳职业技术学院网站添加到收藏夹。

（6）清除 IE8 临时文件、Cookie 及浏览历史。

（7）IE8 的多媒体高级设置。

（8）利用 IE8 搜索信息。

（9）IE8 网页的保存及文件下载。

三、实训操作步骤

1. IE8 浏览器的启动及网页浏览

单击"开始"按钮，选择"所有程序"命令，在开始菜单中选择"Internet Explorer"命令，或者单击任务栏上的 IE 图标，便可以启动 IE8 浏览器。

IE8 浏览器启动之后，在地址栏内输入要访问的网址，按【Enter】键即可进入要访问的网站。例如，图 6-1 所示为 IE8 浏览器浏览信阳职业技术学院的界面。

在 Windows 7 中，IE8 可以使用跳转列表的功能，对于以前浏览过的网站，再次进入时不用输入网址也能进行访问。右击任务栏上的 IE 图标，会出现一个最近访问过的网页列表，这些网页也可以被固定到跳转列表中方便下次访问，如图 6-2 所示。

图 6-1　IE8 浏览器界面

图 6-2　IE8 自动跳转功能

2. IE8 设置成默认的 Web 浏览器

单击 IE8 工具栏中的"工具"按钮，选择"Internet 选项"命令，选择"程序"选项卡，在"默认的 Web 浏览器"区域，还可以选择"如果 Internet Explorer 不是默认的 Web 浏览器，提示我"复选框，单击"确定"按钮，保存更改。

3. 显示或者隐藏 IE8 菜单栏

为了使网页显示内容最大化，在默认情况下"文件"菜单会被隐藏，大多数"文件"菜单选项已经可以直接从工具栏中访问，如果想查看"文件"菜单，只要按下键盘的【Alt】键即可。

4. 更改主页为信阳职业技术学院网站

方法一：

在 IE 的地址栏中输入网址：http://www.xyvtc.edu.cn，接着单击 IE8 工具栏中"主页"图标旁边的下三角按钮，选择"添加或更改主页"命令，然后选择"将此网页用作唯一主页"或"将此页添加到主页选项卡"单选按钮，单击"是"按钮保存更改。

方法二：

单击 IE8 中的"工具"按钮，选择"Internet 选项"命令，选择"常规"选项卡，在"主页"中输入最多 8 个网址作为主页（网址之间换行即可），完成后单击"确定"按钮，如图 6-3 所示。

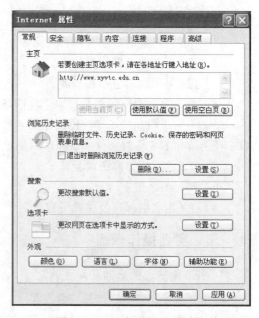

图 6-3　IE8 主页设置对话框

5．将信阳职业技术学院网站添加到收藏夹中

如果想要把某个网站添加到收藏夹，先访问到该网站，单击"收藏夹"按钮，选择"添加到收藏夹"命令。在"收藏夹"中可以管理已经收藏的网站，也可以查看旁边的"源"和"历史记录"。如果想让"收藏夹"中的内容固定显示在页面上，请单击"收藏夹"按钮，然后单击右侧的"固定收藏中心"按钮即可。

将"信阳职业技术学院"网站添加到收藏夹中的操作步骤：

在 IE 的地址栏中输入信阳职业技术学院的网址"http://www.xyvtc.edu.com"，按【Enter】键后进入信阳职业技术学院网页，单击"收藏夹"按钮，接着选择"添加到收藏夹"命令，在随后出来的对话框中单击"添加"按钮即可。

6．清除 IE8 临时文件、Cookie 及浏览历史

有两种方法可以清除 IE8 的访问记录，分别是：

方法一：在浏览前，利用 InPrivate Browsing 的隐私浏览功能。如果想要开启隐私浏览，请打开"新建选项卡"并在页面菜单中选择"启动 InPrivate Browsing"命令。也可以打开新的页面，单击工具栏的"安全"按钮中选择"InPrivate Browsing"命令来启动隐私浏览。一旦完成上述操作后，IE8 将打开一个新的不会记录任何信息的浏览器，此时的浏览器不会记录任何搜索或网页访问的痕迹。如果想要结束隐私浏览，只要关闭该浏览器窗口即可。

方法二：如果在浏览网页后，想要清除历史记录，请单击工具栏的"安全"按钮，选择"删除浏览的历史记录"命令，在选项列表中，可以选择用于保护浏览隐私的若干选项，在希望删除的项目旁边的复选框上进行选择，接着单击"删除"按钮即可，如图 6-4 所示。

7．IE8 的多媒体高级设置

用 IE 浏览网页时，有时为了节省流量或者提高浏览速度，可以对网页的多媒体进行设置。选择"工具"菜单下的"Internet 选项"命令，选择"高级"选项卡，可以进行多媒体设置，如图 6-5 所示，如果要使网页中不显示图片，则取消选中"显示图片"复选框，同样可以设置是否要在网页中播放动画、是否播放声音等。

图 6-4　清除历史记录界面

图 6-5　网页多媒体设置

8．利用 IE8 搜索信息

（1）IE8 搜索引擎的设置。

运行 IE8 时，在菜单栏的右上角有一个"搜索栏"，在浏览任何一个网页时，都可以在"搜索栏"的文本框内输入关键词并进行搜索操作。不过，对于 IE8 默认调用的搜索引擎是 Bing，可能用户并不习惯使用。通常可以根据自己的爱好来设置 IE8 默认调用的搜索引擎，具体操作步骤如下：

先单击"搜索栏"右边的三角按钮，选择"查找更多提供程序"命令，打开"加载项资源库:可视化搜索"页面并单击该页面左边的"搜索"按钮。这时在右边的显示区域就可以看到一些不同的搜索引擎了，然后选中自己经常使用的某个搜索引擎（如"百度"搜索引擎）并单击该搜索引擎右边的"添加到 Internet Explorer"按钮，接着在弹出的"添加搜索提供程序"对话框中选择"将它设置为默认搜索提供程序"复选框，最后单击"确定"按钮，就可以将"百度"搜索引擎设置为 IE8 的默认搜索引擎了。

（2）Internet 信息搜索。

搜索引擎种类较多，目前国内最为常用的是百度搜索。在 IE 的地址栏中输入 http://www.baidu.com，即可进入百度搜索页面，如图 6-6 所示。

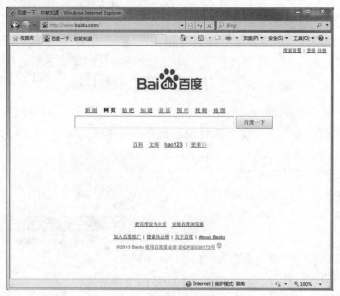

图 6-6　百度搜索页面

一般搜索时，只要在页面的搜索框内输入搜索关键词，然后按【Enter】键或单击"百度一下"按钮，即可搜索出相应的内容。例如，想搜索有关大学英语四六级考试的内容，可以在搜索框内输入"大学英语四六级考试"，按【Enter】键后即可显示搜索到的有关大学英语四六级考试的内容。

在使用百度进行搜索时，如果要求精确搜索，可以使用引号作为限定符。例如，搜索框内将上述搜索内容的前后用双引号限定并按【Enter】键，将所得到的结果与没有加限定的结果进行比较，可以发现后者的查找精度要高于前者。

百度支持"-"功能，用于有目的地删除某些无关网页，但减号之前必须留一空格，语法是"A－B"。

例如，要搜寻关于"计算机"，但不含"电脑"的资料，可使用如图 6-7 所示的查询。

9．IE8 网页保存及文件下载

（1）网页保存。

在 IE 浏览时，如果要保存当前浏览的网页内容，单击"文件"按钮，选择"另存为"命令，弹出"保存网页"对话框，选择好保存路径，输入文件名，并且选择相应的文件类型即可。例如，要将新浪首页保存成网页，首先在 IE 地址栏中输入网址：http://www.sina.com.cn，按【Enter】键进入新浪网页，按【Alt】键显示菜单，选择"文件"菜单中的"另存为"命令，弹出"保存网页"对话框，如图 6-8 所示，选定保存的路径，在文件名文本框中输入"新浪首页"，保存类型为"网页，全部"，单击"保存"按钮将网页保存。如果要保存成文本文件，在保存类型中选择"文本文件"即可。

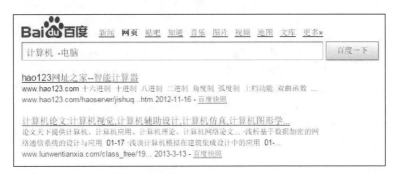

图 6-7　查询示例

图 6-8　"保存网页"对话框

（2）保存网页中的图片。

进入百度图片网站：http://image.baidu.com，搜索"信阳职业技术学院"的图片，选中一张信阳职业技术学院的图片后保存在 D:\MYDIR 文件夹中。具体操作步骤如下：

右击选中的图片，在弹出的快捷菜单中选择"图片另存为"命令，在弹出的"另存为"对话框中目录选择为 D 盘"MYDIR"文件夹，文件名输入"信阳职业技术学院"，单击"保存"按钮后即将图片下载到计算机中。

（3）文件下载。

对于能下载的文件，网页提供下载链接。单击下载链接，出现下载对话框，指定好路径及文件名后，单击"保存"按钮即可。例如，将"CFree5"下载到计算机 D:\MYDIR 中的操作步骤如下：

在 IE 的地址栏中输入：http://www.skycn.com/soft/ 16427.html，按【Enter】键后进入 CFree5 的下载网页，单击其中的下载链接，弹出图 6-9 所示的"文件下载"对话框，单击"保存"按钮，弹出"保存"对话框，目录选定为"D:\MYDIR"，单击"保存"按钮后即下载到计算机中。

图 6-9 "文件下载"对话框

操作练习题

（1）将网易主页设置为 IE 主页。

（2）清空 IE 临时文件及历史记录。

（3）用 IE 的隐私浏览功能浏览网页。

（4）搜索"信阳职业技术学院数学与计算机科学学院"的有关内容。

（5）在收藏夹中创建"中国高校"文件夹，并将 http://www.xyvtc.edu.com 收藏至此文件夹中，命名为"信阳职业技术学院"。

（6）浏览"信阳职业技术学院"网站，将"信阳职业技术学院"主页上的"校徽"图片保存到"我的文档"中，文件名为"我的图片"，保存类型为"JPEG"。

（7）设置 IE 选项，使得网页在浏览时不播放声音。

（8）设置 IE 选项，使得浏览网页时不显示图片。

6.2 Outlook 2010 操作

实训项目

一、实训目的

（1）掌握电子邮箱的申请方法。

（2）掌握 Outlook 2010 电子邮件账户的配置方法。

（3）掌握通过 Outlook 2010 收发邮件的方法。

（4）掌握 Outlook 2010 常用选项的设置方法。

二、实训内容

（1）申请一个电子邮箱账户。

（2）配置 Outlook 2010 电子邮件账户。

（3）给好友 sjzkxxy_xgx@163.com［为方便第（4）步实训，此处选一个自己可以打开的邮箱地址］发送一封带有日程安排计划的电子邮件，并抄送给另一位好友"sjzkxxy_xxzx@163.

com"。

（4）接收、查看并转发好友 sjzkxxy@163.com〔此处根据第（3）步实训中所发送的邮件进行接收〕发送的电子邮件。

（5）设置 Outlook 2010 选项，使得"启动时直接转到'收件箱'文件夹""每次发送前自动检查拼写""每隔 5 分钟自动保存未发送的项目""自动将不属于 Outlook 通讯簿的收件人创建为 Outlook 联系人"。

三、实训操作步骤

1. 申请电子邮箱账户

（1）打开 IE 浏览器，在地址栏中输入 http://mail.163.com/，按【Enter】键进入 163 免费邮箱申请主页，如图 6-10 所示。

图 6-10　163 免费邮箱申请主页

（2）单击"注册"按钮，进入 163 免费邮箱注册页面，按要求填写相关信息，单击"立即注册"按钮，完成电子邮箱账户注册，如图 6-11 所示。

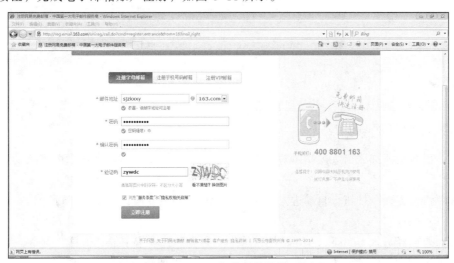

图 6-11　163 免费邮箱注册页面

（3）注册成功后，自动进入 163 免费邮箱管理页面，如图 6-12 所示。

图 6-12　163 免费邮箱管理页面

2. 配置 Outlook 2010 电子邮件账户

方法一：

（1）如果是首次启动 Outlook 2010 软件，系统弹出"Microsoft Outlook 2010 启动"对话框，单击"下一步"按钮，如图 6-13 所示。

（2）在"添加新账户-自动账户设置"对话框中，填写姓名、电子邮件地址和密码，单击"下一步"按钮，如图 6-14 所示。

图 6-13　启动向导　　　　　　　　　　　　　　　图 6-14　自动账户设置

（3）弹出自动添加账户进度指示对话框，经过几分钟认证配置后，显示配置成功信息，如图 6-15 所示。

（4）单击"完成"按钮，自动进入 Outlook 2010 软件主界面，如图 6-16 所示。

方法二：

（1）如果已经进入 Outlook 2010 软件，选择"文件"选项卡中的"信息"命令，如图 6-17 所示，在弹出的面板中单击"添加账户"按钮，弹出"添加新账户"对话框。

图 6-15　自动添加账户成功

图 6-16　Outlook 主界面

图 6-17　添加新账户

（2）选择"电子邮件账户"单选按钮，单击"下一步"按钮，进入"自动账户设置"面板，选择"手动配置服务器设置或其他服务器类型"单选按钮，单击"下一步"按钮，选择"Internet电子邮件"单选按钮，单击"下一步"按钮，如图6-18所示。

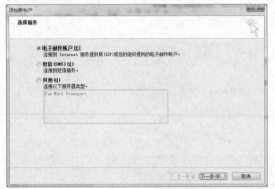

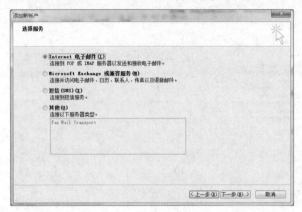

图6-18　添加新账户-选择服务-手动设置

（3）进入"Internet电子邮件设置"对话框，依次填写姓名、电子邮件地址（必须是已经存在的电子邮件账户）、账户类型（可以选择 POP3 或 IMAP，此处根据已有电子邮件账户的服务器类型进行选择）、接收和发送邮件服务器（可登录电子邮件账户对应网站，查看帮助信息获得服务器地址）、用户名（此处为电子邮件账户对应的用户名，自动根据邮件账户获取。例如，sjzkxxy_xgx@163.com 账户对应的用户名为 sjzkxxy_xgx）和密码，如图6-19所示。

图6-19　"添加新账户"对话框

（4）单击"其他设置"按钮，弹出"Internet
电子邮件设置"对话框，选择"发送服务器"选
项卡，选中"我的发送服务器（SMTP）要求验证"
复选框，选择"使用与接收邮件服务器相同的设
置"单选按钮，单击"确定"按钮返回"添加新账
户"对话框，如图 6-20 所示。

（5）在"Internet 电子邮件设置"对话框中，单
击"测试账户设置"按钮，验证账户是否有效。如
果信息不完整或不正确，系统会弹出提示信息。如
果测试成功，单击"完成"按钮，添加新账户成功，
如图 6-21 所示。

图 6-20　"Internet 电子邮件设置"对话框

图 6-21　账户设置成功

3. 发送电子邮件

给好友 sjzkxxy_xgx@163.com［为方便下一步骤的实训，此处选一个自己可以打开的邮箱地
址］发送一封带有日程安排计划的电子邮件，并抄送给另一位好友 sjzkxxy_xxzx@163.com"。

（1）在 Outlook 2010 主界面中，单击左侧"日历"按钮，进入日历编辑界面，如图 6-22 所示。

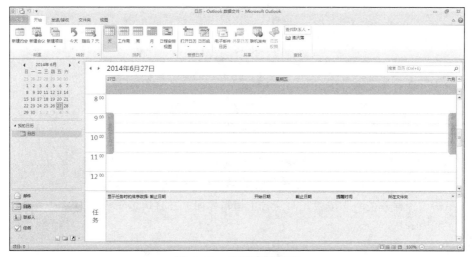

图 6-22　日历编辑界面

（2）单击工具栏中"周"按钮，日历界面布局按周显示，如图 6-23 所示。

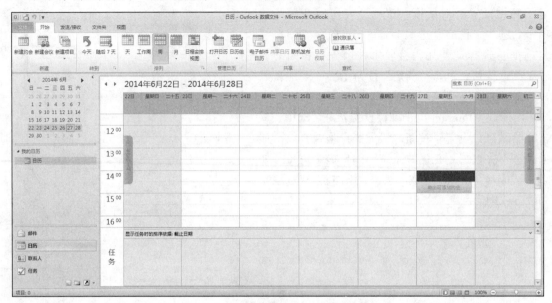

图 6-23　按周显示的日历界面

（3）双击需要添加约会的时间点，弹出约会编辑界面，填写主题、地点、开始时间、结束时间和约会内容，如图 6-24 所示。

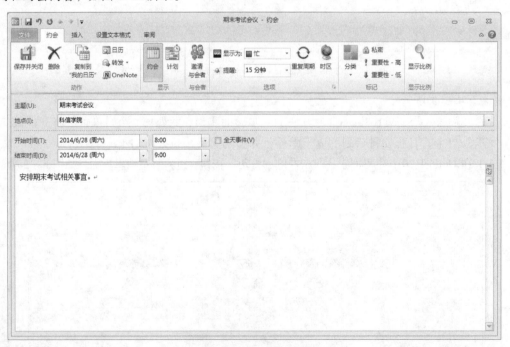

图 6-24　约会编辑界面

（4）单击"保存并关闭"按钮，回到日历编辑界面，在日历编辑界面中显示了刚才创建的约会事项，如图 6-25 所示。

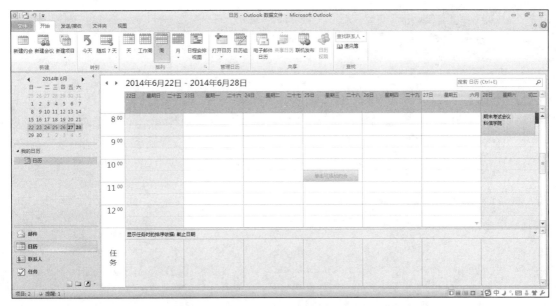

图 6-25　添加了约会事项的日历界面

（5）单击左侧菜单栏中"邮件"按钮，进入邮件管理界面，如图 6-26 所示。

图 6-26　邮件管理界面

（6）单击"开始"选项卡"新建"组中的"新建电子邮件"按钮，弹出发送电子邮件对话框，填写收件人地址、抄送地址、主题和邮件内容，如图 6-27 所示。

（7）单击"邮件"选项卡"添加"组中的"附加项目"按钮，选择"日历"命令，弹出"通过电子邮件发送日历"对话框，选择要发送的日历，单击"确定"按钮，回到邮件发送界面，如图 6-28、图 6-29 所示。

（8）日历添加完成后，单击"发送"按钮，包含日历的电子邮件发送成功，如图 6-30所示。

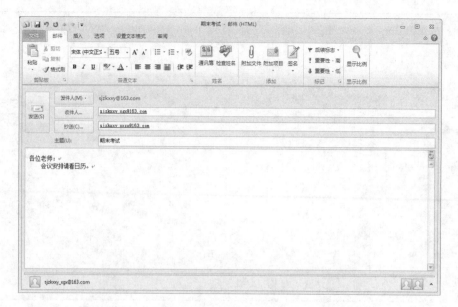

图 6-27　发送电子邮件

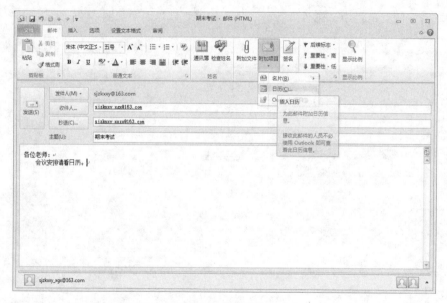

图 6-28　添加日历

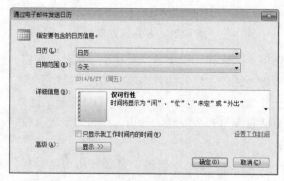

图 6-29　通过电子邮件发送日历

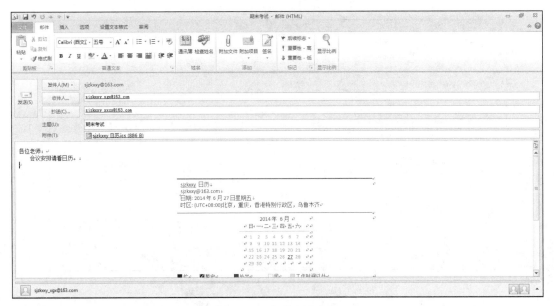

图 6-30 发送电子邮件

4. 接收、查看并转发电子邮件

接收、查看并转发好友 "sjzkxxy@163.com" [此处根据上一步实训中所发送的邮件进行接收] 发送的电子邮件。

（1）选择左侧菜单栏中 "sjzkxxy_xgx@163.com" 邮件账户，进入该电子邮件账户管理界面，如图 6-31 所示。

图 6-31 "sjzkxxy_xgx@163.com" 账户管理界面

（2）单击顶部 "发送/接收" 选项卡 "发送和接收" 组中的 "发送/接收组" 按钮，选择 "仅 sjzkxxy_ xgx@163.com" 下的 "收件箱" 命令，弹出 "Outlook 发送/接收进度" 对话框，如图 6-32 所示。

图 6-32　发送/接收电子邮件

（3）"Outlook 发送/接收"邮件完成后，"sjzkxxy_xgx@163.com"已经收到刚才由"sjzkxxy@163.com"发送的电子邮件，在其收件箱中显示有一封未读邮件，单击对应邮件，可在界面中间位置查看邮件内容，如图 6-33 所示。双击对应邮件，弹出电子邮件内容详细对话框，如图 6-34 所示。

图 6-33　单击查看电子邮件内容

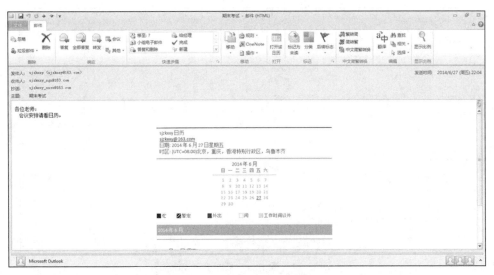

图 6-34　双击查看电子邮件内容

（4）在单击查看电子邮件内容界面中，单击"打开该日历"链接，弹出"是否将此 Internet 日历添加到 Outlook？"对话框，如图 6-35 所示。

（5）单击"是"按钮，可查看前面创建的日历，如图 6-36 所示。

图 6-35　"是否将此 Internet 日历添加到 Outlook？"对话框

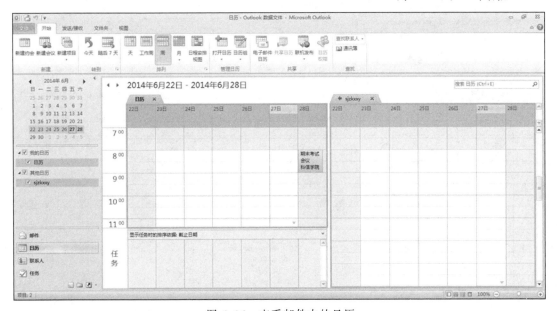

图 6-36　查看邮件中的日历

（6）日历查看完成后，单击左侧菜单栏中"邮件"按钮，回到 Outlook 邮件管理界面，如图 6-37 所示。

（7）选择要转发的电子邮件，右击，在弹出的快捷菜单中选择"转发"命令，弹出电子邮件转发对话框，输入收件人地址，单击"发送"按钮完成邮件转发，如图 6-38 所示。

图 6-37　Outlook 邮件管理界面

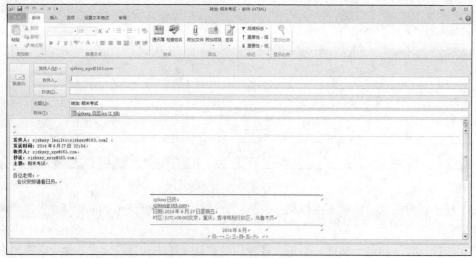

图 6-38　转发电子邮件

5．设置 Outlook 2010 选项

（1）设置"启动时直接转到'收件箱'文件夹"。

① 选择顶部"文件"选项卡，单击"选项"按钮，弹出"Outlook 选项"对话框，如图 6-39 所示。

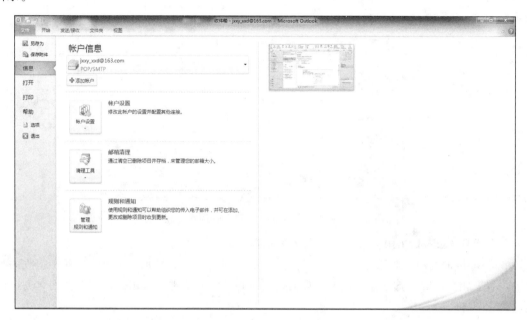

图 6-39　打开 Outlook 选项

② 在"Outlook 选项"对话框中，单击左侧"高级"按钮，右边显示"使用 Outlook 时采用的选项"相关内容。在"Outlook 启动和退出"选项区，单击"浏览"按钮，弹出"启动时定位于"对话框，选择"收件箱"选项，单击"确定"按钮，完成设置，如图 6-40 所示。

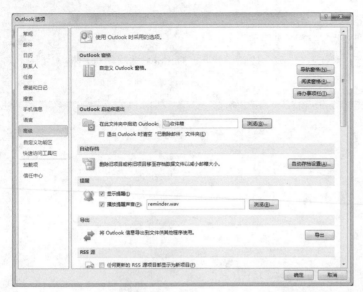

图 6-40　设置"启动时直接转到'收件箱'文件夹"

（2）设置 Outlook 2010 选项，使"每次发送前自动检查拼写"。

在"Outlook 选项"对话框中，单击左侧"邮件"按钮，右边显示"更改您创建和接收的邮件的设置"相关内容。选中"每次发送前自动检查拼写"复选框，单击"确定"按钮，完成设置，如图 6-41 所示。

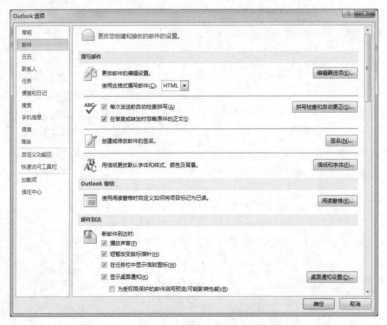

图 6-41　设置"每次发送前自动检查拼写"

（3）设置 Outlook 2010 选项，设置"每隔 5 分钟自动保存未发送的项目"。

在"Outlook 选项"对话框中，单击左侧"邮件"按钮，右边显示"更改您创建和接收的邮件的设置"相关内容。找到"保存邮件"选项区，选中"在以下时间（分钟）后自动保存未发送的项目"复选框，并将时间设置为 5，单击"确定"按钮，完成设置，如图 6-42 所示。

图 6-42 设置 5 分钟自动保存未发送的项目

（4）在 Outlook 2010 选项中设置"自动将不属于 Outlook 通讯簿的收件人创建为 Outlook 联系人"。

在"Outlook 选项"对话框中，单击左侧"联系人"按钮，右边显示"更改使用联系人的方式"相关内容。找到"建议的联系人"选项区，选择"自动将不属于 Outlook 通讯簿的收件人创建为 Outlook 联系人"复选框，单击"确定"按钮，完成设置，如图 6-43 所示。

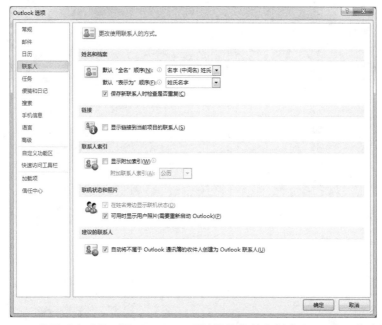

图 6-43 设置"自动将不属于 Outlook 通讯簿的收件人创建为 Outlook 联系人"

操作练习题

（1）利用配置好的电子邮件账户给好友发送考试安排。

（2）设置新邮件达到时显示桌面通知。

（3）设置在 5 分钟后自动保存未发送的项目。

（4）给带有截止日期的任务设置提醒，默认提醒时间 9:00。

（5）设置过期任务颜色为蓝色，已完成任务颜色为红色。

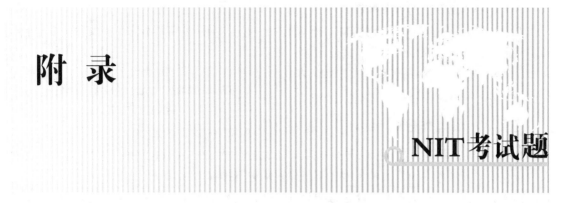

附 录

NIT 考试题

NIT 考试题 1

一、选择题

1. 计算机内部信息的表示及存储往往采用二进制形式，采用这种形式的最主要原因是
（   ）。

    A. 避免与十进制相混淆   B. 计算方式简单

    C. 与逻辑电路硬件相适应   D. 表示形式单一

2. 下列属于输入设备的是（   ）。

    A. 声音合成器   B. 激光打印机   C. 激光笔   D. 显示器

3. 32 位微机中的 32 是指该微机（   ）。

    A. 每个存储单元可以存放 32 位二进制

    B. 微机的字长为 32 位

    C. 运算精度可达小数点后 32 位

    D. 能同时处理 32 位十进制数

4. 当电子邮件在发送过程中有误时，则（   ）。

    A. 系统会将原邮件退回，并给出不能寄达的原因

    B. 该邮件将丢失

    C. 系统会将原邮件退回，但不给出不能寄达的原因

    D. 该邮件被自动删除

5. 扩展名为 .MOV 的文件通常是一个（   ）。

    A. 视频文件   B. 音频文件   C. 文本文件   D. 图形文件

二、Windows 操作题

1. 在 "C:\考生" 文件夹下创建一个 "资料" 文件夹，启动计算器应用程序，将模式调整
为科学型，并切换到 "单位转换" 界面。

2. 将系统的日期格式设置为 "YYYY-M-D"，并将 "微软拼音 – 简捷 2010" 输入法设置为

默认输入法，将语言栏停靠于任务栏。

3. 设置鼠标，启用单击锁定，选用"Windows Aero（大）（系统方案）"，显示指针轨迹，滚动滑轮一个齿格，滚动一个屏幕。

4. 设置文件夹选项，在不同窗口打开不同文件夹，在导航窗格中显示所有文件，不显示隐藏文件和文件夹，在缩略图上显示文件图标。

5. 设置桌面背景，将"C:\考生"文件夹中的"勿忘我.jpg"图片设置为桌面背景，图片位置为拉伸，设置屏幕保护程序为"变幻线"，等待时间为 10 分钟。

三、Word 操作题

1. 请使用 Word 软件，将"C:\ATA=MSO\testing\082203–48F\WORD\T01_YYWD1003\"文件夹中提供的"叶绿素.docx"文档，按以下操作要求进行排版。

（1）打开文档，将纸张大小调整为 B5（JIS）（或自定义大小：宽度 18.2 厘米 × 高度 25.7 厘米），上下左右页边距均设置为 2 厘米，纸张方向为横向；

（2）设置文档主题为内置的"行云流水"，将文档标题"叶绿素"设置为艺术字，艺术字样式为艺术字库的第 4 行第 5 列（渐变填充–橄榄色，强调文字颜色 4，映像），字体为华文琥珀，四周型环绕；

（3）参看样张，设置正文字号为小四号，正文行距为固定值：20 磅，所有段落首行缩进 2 字符；

（4）参看样张，将文档分为等宽的两栏，栏间距为 2.5 字符；

（5）参看样张，正文中的"为什么绿花很少见"和"风媒花容易开绿色花"设置文本效果"渐变填充–红色，强调文字颜色 1"（第 3 行第 4 列）；

（6）参看样张，在文档左下角插入 "C:\ATA=MSO\testing\082203–48F\WORD\T01_YYWD1003\" 文件夹下的"兰花.jpg"图片文件，图片的大小调整为原始图片的 60%，在右上角插入"C:\ATA=MSO\testing\082203–48F\WORD\T01_YYWD1003\"文件夹下的"雏菊.jpg"图片文件，图片大小调整为原始图片的 90%，环绕方式均设置为"四周型"；

（7）参看样张，在文档的尾部插入一个云形注标，添加文字"神奇的大自然"，完成后设置保存文档。

（注意：完成后保存文档。）

2. 请使用 Word 软件，将"C:\ATA=MSO\testing\082203–48F\WORD\T01_YYWD1004\"文件夹中提供的"叶绿素的分类.docx"文档，按以下操作要求进行排版。

（1）打开文档，将文档内容转换成一个 8 行 3 列的表格；

（2）调整表格列宽，将第 1 列调整为 3 厘米，第 2、3 列调整为 6 厘米，行高调整为 1 厘米；

（3）参看样张，为表格应用"中等深浅网格 3 – 强调文字颜色 3"表格样式，单元格内容中部两端对齐；

（4）参看样张，在表格最上方插入 1 行，并合并三个单元格，在合并后的单元格中输入：叶绿素的分类，完成设置后保存文档。

（注意：完成后保存文档。）

四、Excel 操作题

使用 Excel 软件，打开"C:\ATA=MSO\testing\082203–48F\EXCEL\T01_YYEX1005（01）\"文件夹下的"人事档案.xlsx"，根据要求完成如下的操作。

1. 在 Sheet1 工作表中对数据表进行编辑，分别将 A1:H1 单元格区域合并及居中，将标题

"岳阳公司人事档案管理表"设置为黑体、16、加粗、标准色"蓝色"、自动调整行高；对区域 A2:H17，添加标准色"蓝色"内外边框。

2. 在单元格 H17 中利用函数计算"工资合计"，其值为所有人之和。

3. 选择区域 H3：H16 设置条件格式，将小于 6000 的区域字体设置为红色加粗；将大于 10000 的区域字体设置为蓝色加粗。

4. 参看样张，创建一个簇状柱图形，展示项目一部所有人员的工资情况。图表标题为"项目一部员工的工资情况，完成后的图表嵌于当前工资表的 I3：M13 单元格 0 区域，标题字体为隶书、14 号，添加数据标签。

（注意：完成后保存文档。）

五、PowerPoint 基本操作

请使用 PowerPoint 软件，打开"C:\ATA=MSO\testing\082203-48F\PowerPiont\T01_YYPP1006\" 文件夹中的"新加坡.pptx"，根据要求完成演示文稿的制作。

1. 打开"C:\ATA=MSO\testing\082203-48F\PowerPiont\T01_YYPP1006\"文件夹中的"新加坡.pptx"，根据要求完成演示文稿的制作。

2. 在第 1 张幻灯片中插入"C:\ATA=MSO\testing\082203-48F\PowerPiont\T01_YYPP1006\" 文件夹中的声音文件"jing.mp3"，设置声音选项：单击时循环播放，直到停止；并且幻灯片放映时隐藏声音图标。

3. 为第 2 张幻灯片的箭头图标添加进入效果：自左"切入"；设置箭头的播放顺序：箭头左侧的三个组合图形的次序都为"0"，箭头及其右侧图形次序都为"1"。

4. 设置演示文稿所有幻灯片的切换方式：每隔 4 s 自动切换。

5. 设置演示文稿的放映方式："如果存在排练时间、则使用它"，完成设置后保存文档。

（注意：完成后保存文档。）

六、Internet 基本操作

1. 输入网址：http://www.gmc.org.cn，进入中国地质博物馆，将该网站添加到收藏夹中，在导航栏上单击"展陈介绍"，打开展厅分布图页面，将分布图以"展厅分布图.jpg"为文件名保存到"C：\考生"文件夹中，并将主页设置为"使用空白"。

2. 给你的朋友张文和李宏发送一封邮件，向她们介绍中国地质博物馆网站。

【收件人】zhangwen@163.com

【抄送】lihong@126.com

【附件】"C：\考生"文件夹下的"蓝色锆石.jpg"

【主题】中国地质博物馆

【正文】

张文、李宏：

你们好！

中国地质博物馆收藏地质标本 20 余万件，包括各种鱼类、鸟类、昆虫等珍贵生物化石，非常值得一看。有空一起去看看吧！

祝生活愉快！

张宏

NIT 考试题 2

一、选择题

1. 在 Internet 域名中顶级域名可为地区代码，中国的地区代码为（   ）。
   A. China　　　　　B. cn　　　　　C. cc　　　　　D. Chinese
2. 在组建局域网时，除了作为服务器和工作站的计算机和传输介质外，每台计算机上还应配置（   ）。
   A. 路由器　　　　　　　　　　B. 网关
   C. 网络适配器（网卡）　　　　D. Modem
3. 计算机病毒是可以造成机器故障的（   ）。
   A. 一种计算机程序　　　　　　B. 一种计算机部件
   C. 一种计算机设备　　　　　　D. 一种计算机芯片
4. 微型计算机的内存储器是（   ）。
   A. 按字长编址　　B. 按字节编址　　C. 按位编址　　D. 按十进制位编址
5. 在计算机的硬件设备中，既可作为输出设备，又可作为输入设备的是（   ）。
   A. 手写笔　　　　B. 绘图仪　　　　C. 光驱　　　　D. 扫描仪

二、Windows 操作题

1. 在"C:\考生"文件夹下创建一个"文档"文件夹，将"考生"文件夹下的子文件夹"图片"复制到"文档"文件夹中，并将复制到目标位置的"图片"文件夹设置为"只读"和"隐藏"属性。

2. 在桌面上添加两个小工具，一个为日历，较大尺寸显示，另一个为 CPU 仪表盘，前端显示。

3. 设置文件夹选项，以保证在不同窗口中打开不同的文件夹，导航窗格自动扩展到当前文件夹，显示已知文件类型的扩展名。

4. 个性化桌面，将桌面主题设置为"Areo 主题"中的"人物"，且桌面背景的图片更改为"30 秒"，无序播放。

5. 设置系统日期和时间，将时区调整为"（UTC−05:00）东部时间（美国和加拿大）"，显示"北京，重庆，香港特别行政区，乌鲁木齐"附加时钟，时钟命名为"北京时间"。

三、Word 基本操作

1. 请使用 Word 软件，将"C:\ATA_MSO\testing\144426−2939\WORD\T03_YYWD1003\"文件夹中提供的"药膳.docx"文档，按以下操作要求进行排版。
   （1）打开文档，将上、下、左、右页边距均设置为 2 厘米，纸张方向为横向；
   （2）将文档标题"药膳"设置为艺术字，艺术字样式为艺术字库的第 6 行第 3 列（填充 −红色，强调文字颜色 2，粗糙棱台），字体为华文琥珀，文字竖排，四周型环绕；
   （3）参看样张，将正文字体设置为幼圆，字号为小四号，正文所有段落首行缩进 2 字符；
   （4）参看样张，将文档分为等宽的三栏，为"养生保健延寿类"和"美容美发类"设置文本效果，效果为"填充 – 无，轮廓 – 强调文字颜色 2"；

（5）参看样张，为文档添加文字水印"药食同源"，字体为隶书；

（6）参看样张，在文档左下角插入"C:\ATA_MSO\testing\144426–2939\WORD\T03_YYWD1003\"文件夹下的"炖汤"图片文件，在右上角"C:\ATA_MSO\testing\144426–2939\WORD\T03_YYWD1003\"文件夹下的"药膳.jpg"图片文件，图片的大小均调整为原始图片的 30%，环绕方式均设置为"四周型"；

（7）参看样张，插入页眉，页眉文字为"健康生活每一天"，完成设置后保存文档。

（注意：完成后保存文档。）

2. 请使用 Word 软件，按如下要求完成表格制作。

（1）在"C:\ATA_MSO\testing\144426–2939\WORD\T03_YYWD1003\"文件夹下新建一个文档，插入 5 行 6 列的表格；

（2）将表格的行高调整为 1 厘米，列宽调整为 2 厘米，表格水平居中；

（3）应用表格样式为内置的"浅色网格"，将表格的外边框设置为双实线；

（4）单元格内容水平居中对齐，将表格第 5 行的 5、6 两个单元格合并；

（5）将文档以"表格.docx"为名保存到"C:\ATA_MSO\testing\144426–2939\WORD\T03_YYWD1003\"文件夹下。

（注意：完成后保存文档。）

四、Excel 基本操作

使用 Excel 软件，打开"C:\ATA_MSO\testing\144426–2939\EXCEL\T03_YYEX1005\"文件夹下的"2014 年 6 月销售数据.xlsx"，根据要求完成如下操作。

1. 在"2014 年 6 月"工作表中的第 1 行上方插入一行，并在 A1 单元格录入标题"2014 年 6 月销售数据"，将 A1：F1 单元格区域合并及居中，字号为 18、字体为黑体。

2. 在 F3：F16 区域计算"平均交易金额"，公式为"平均交易金额 = 销售金额/成交笔数"，设置该区域的数字格式，一位小数，选择区域 A2：F16，以"商品分类"为关键字对数据进行降序排列，并将 A2：F16 区域的列宽设置为"自动调整列宽"。

3. 为 A2：F16 区域设置分类汇总，分类字段为"商品分类"，汇总方式为"求和"，汇总项为"销售金额""成交笔数""平均交易金额"。

4. 参看样张，选择 B2：B5 和 D2：D5 两个区域制作簇状柱形图，设置图表标题为 12 号，图表填充为纯黄色（标准色下的黄色），图表放置在 G2：M19 区域，完成设置后保存文档。

（注意：完成后保存文档。）

五、PowerPoint 基本操作

请使用 PowerPoint 软件，打开"C:\ATA_MSO\testing\144426–2939\PowerPoint\T03_YYPP1006\"文件夹中的"个人职业规划.pptx"，根据要求完成演示文稿制作。

1. 打开演示文稿，在第 1 张幻灯片中输入标题文字"个人职业规划"，文字居中对齐，并将该幻灯片下方的空点位符删除。

2. 参照样张，在第 2 张幻灯片的右侧插入"C:\ATA_MSO\testing\144426–2939\PowerPoint\T03_YYPP1006\"文件夹下的"平衡.jpg"，调整图片的缩放比例为原来的 80%。

3. 设置第 3 张幻灯片的浅蓝色圆环的动画方式为"放大/缩小"，将演示文稿所有幻灯片的

切换方式设置为"溶解"。

4. 设置幻灯片的放映方式为从第 1 张到第 6 张幻灯片循环放映，按【Esc】键终止，完成设置后保存文档。

（注意：完成后保存文件。）

六、Internet 操作题

1. 输入网址：http://www.chncpa.org，进入国家大剧院网站，单击导航栏"剧院概览"，切换到剧院概览网页，将该网页以"国家大剧院.htm"为文件名，且以"web 档案，单个文件"类型保存到"C:\考生"文件夹中，并设置 Internet 选项，使用当前页面创建主选项卡，且遇到弹出窗口时始终在新选项卡中打开弹出窗口。

2. 给你的朋友张方发送一封邮件，向他介绍国家大剧院网站。

【收件人】zhangfang@126.com

【附件】"C:\考生"文件夹下的"国家大剧院.jpg"

【主题】叹为观止的国家大剧院

【正文】

张方：

你好！

马上就要去参观国家大剧院了，为了不虚此行，去之前一定要好好做足功课，以免去了很盲目，我把国家大剧院的网址给你，你先选好我们要看的节目，我好提前订票啊。国家大剧院的网址是：http://www.chncpa.org。

祝生活愉快！

李文

NIT 考试题 3

一、选择题

1. 在计算机网络中，常用的有线通信介质包括（   ）。
   A. 卫星、微波和光缆   B. 红外线、双绞线和同轴电缆
   C. 双绞线、同轴电缆和光缆   D. 光缆和微波
2. 在下列设备中，不能作为微型计算机的输出设备的是（   ）。
   A. 显示器   B. 键盘   C. 打印机   D. 绘图仪
3. 微型计算机的性能主要取决于（   ）。
   A. 微处理器的性能   B. 主存储器的质量
   C. RAM 的存储容量   D. 硬盘的存储容量
4. 执行二进制数算术加法运算 10101010+00101010，其结果是（   ）。
   A. 00101010   B. 10101010   C. 11010100   D. 11010010
5. 第三代计算机的逻辑器件采用的是（   ）。
   A. 晶体管   B. 大规模集成电路
   C. 中、小规模集成电路   D. 微处理器集成电路

二、Windows 操作题

1. 在"C:\考生"文件夹下创建一个"资料"和"图片"文件夹，将"考生"文件夹下的"花.jpg"移动到"图片"文件夹中，并将移动到目标位置的文件更名为"灿烂.jpg"。

2. 设置鼠标，启用单击锁定，在移动鼠标时显示鼠标轨迹，且垂直滚动滑轮时，一次滚动一个屏幕。

3. 添加一个型号为"EPSON LASER LP-2500"的打印机，且设置为默认打印机。

4. 设置文件夹选项，在同一个窗口中打开每个文件夹，不始终显示菜单，在标题栏中显示完整路径。

5. 为已有的标准账号"明明"添加密码，密码为"111111"，且启动家长控制，禁止该账户周日使用计算机。

三、Word 基本操作

1. 请使用 Word 软件，将"C:\ATA\testing\085917\WORD\T04_YYWD1003\"文件夹中提供的"广灵剪纸"文档，按以下操作要求进行排版。

（1）打开文档，将纸张大小调整为 B5（JIS）（或自定义大小：宽度 18.2 厘米×高度 25.7 厘米），上下左右页边距均设置为 1.5 厘米，纸张方向为横向；

（2）将文档标题"广灵剪纸"设置为艺术字，艺术字样式为艺术字库的第 5 行第 5 列（填充–蓝色，强调文字颜色 1，塑料棱台，映像），字体为华文琥珀，四周型环绕；

（3）参看样张，将正文字体设置为幼圆，字号为小四号，正文除项目符号所在段落外的所有段落首行缩进 2 字符；

（4）参看样张，将文档分为等宽的两栏，将文档中的项目符号再改为"♦"；

（5）利用查找和替换功能，将正文中所有的"剪纸"二字添加加点着重符；

（6）参看样张，在文档左下角插入"C:\ATA\testing\085917\WORD\T04_YYWD1003\"文件夹下的"回娘家.jpg"图片文件，图片的大小调整为原始图片的 40%，在右上角插入"C:\ATA\testing\085917\WORD\T04_YYWD1003\"文件夹下的"熊猫.jpg"图片文件，图片的大小调整为原始图片的 30%，环绕方式均设置为"四周型"；

（7）参看样张，在文档的右下角插入一个"前凸带形"自选图形，添加文字"丰富多彩的民族文化"，为文档添加一个阴影页面边框，完成设置后保存文档。

（注意：完成后保存文档。）

2. 请使用 Word 软件，按如下要求完成表格制作。

（1）在"C:\ATA\testing\085917\WORD\T04_YYWD1003\"文件夹下新建一个文档，插入 30 行 5 列的表格；

（2）将表格的行高调整为 1 厘米，列宽调整为 2.5 厘米，表格水平居中；

（3）参看样张，将表格的第 1 行作为标题行，依次输入：字号、姓名、性别、出生日期和备注，填充标准色中的浅绿，且重复标题行；

（4）单元格内容水平居中对齐；

（5）将文档以"名单.docx"为名保存到"C:\ATA\testing\085917\WORD\T04_YYWD1003\"文件夹下。

（注意：完成后保存文档。）

四、Excel 基本操作

使用 Excel 软件，打开 "C:\ATA_MSO\testing\085917-6F30\EXCEL\T04_YYEX1005\" 文件夹下的 "超市销售数据.xlsx"，根据要求完成如下操作。

1. 在 "商品基本信息" 工作表格的第 1 行上方插入一行，并在 A1 单元格录入标题 "超市销售数据"，将 A1:G1 单元格区域合并及居中，字号为 18、字体为黑体。

2. 在 G3:G23 区域计算 "毛收入"，公式为 "毛收入=（售价-进价）×数量，设置该区域的数字格式为货币类型，货币符号为人民币，选择区域 A2:G23，以 "商品名称" 为关键字对数据进行降序排列，并为 A2:G23 区域的列宽设置为 "自动调整列宽"。

3. 为 A2:G23 区域设置分类汇总，分类字段为 "商品名称"，汇总方式为 "求和"，汇总项为 "售价" "数量" "毛收入"。

4. 参看样张，选择各类商品的汇总数据制作簇状柱形图，设置图表标题为 12 号，为图表区设置 "麦浪滚滚" 的渐变填充，图表放置在 H2:Q20 区域，完成设置后保存文档。

（注意：完成后保存文档。）

五、PowerPoint 基本操作

请使用 PowerPoint 软件，打开 "c:\ATA_MSO\testing\085917-6F30\PowerPoint\T04_YYPP1006\" 文件夹下的 "服装色彩搭配.pptx"，根据要求完成演示文稿的制作。

1. 打开演示文稿，在第 1 张幻灯片中输入标题文字 "服装色彩搭配"。

2. 参照样张，在第 2 张幻灯片的右侧插入 "c:\ATA_MSO\testing\085917-6F30\PowerPoint\T04_YYPP1006\" 文件夹下的 "颜色图.jpg"，调整图片的缩放比例为 80%，设置图片位置，使其与幻灯片左上角水平距离和垂直距离分别为 12 厘米和 6 厘米。

3. 设置第 6 张幻灯片的动画方式为 "陀螺旋"，将演示文稿所有幻灯片的切换方式设置为 "揭开"。

4. 设置幻灯片的放映方式为从第 1 张到第 6 张幻灯片手动换片，完成设置后保存文档。

（注意：完成后保存文件。）

六、Internet 基本操作

1. 输入网址：http://www.nlc.gov.cn/，进入国家图书馆网站，单击导航栏 "图书"，切换到图书网页，收藏该网页，并将该网页以 "中国国家图书馆.htm" 为文件名，且以 "网页，仅 html" 类型保存到 "C:\考生" 文件夹中。并设置 Internet 选项，使用当前页面创建主选项卡。

2. 给你的朋友张方发送一封邮件，向他介绍国家图书馆网站。

【收件人】zhangfang@126.com

【附件】"C:\考生" 文件夹下 "国家图书馆.jpg

【主题】关于国家图书馆

【正文】

张方：

你好！

中国国家图书馆位于北京市海淀区白石桥高粱河畔，紫竹院公园旁。1987 年落成，总馆占地 7.24 公顷，建筑面积 14 万平方米，地上书库 19 层，地下书库 3 层，设计藏书能力 2000 万

册。怎么样？有兴趣的话，我们一起去看看。

祝生活愉快！

李文

NIT 考试题 4

一、选择题

1. 计算机网络的主要功能是（　　）。
   A. 提高处理速度
   B. 数据处理
   C. 资源共享和数据传输
   D. 增加存储容量
2. 操作系统具有的功能是（　　）。
   A. 硬盘管理、软盘管理、存储器管理、文件管理
   B. 运算器管理、控制器管理、打印机管理、磁盘管理
   C. 处理机管理、存储器管理、设备管理、文件管理
   D. 程序管理、文件管理、编译管理、设备管理
3. 目前微型计算机中的高速缓存（Cache），大多数是一种（　　）。
   A. 静态随机存储器
   B. 静态只读存储器
   C. 动态随机存储器
   D. 动态只读存储器
4. 计算机能够直接执行的程序是（　　）。
   A. 人工智能语言程序
   B. 高级语言程序
   C. 汇编语言程序
   D. 机器语言程序
5. 目前普遍使用的微型计算机，所采用的逻辑元件是（　　）。
   A. 大规模和超大规模集成电路
   B. 电子管
   C. 小规模集成电路
   D. 晶体管

二、Windows 操作题

1. 在"C:\考生"文件夹下创建一个"资料"文件夹，先将"C:\考生"文件夹下的子文件夹"文档"和"数据"移动到"资料"文件夹中，再将"文档"文件夹设置为不共享。

2. 设置任务栏，锁定任务栏，使用小图标，任务栏按钮始终合并，并隐藏标签，在通知区域显示音量图标和通知。

3. 在 C 盘中搜索"SoundRecorder.exe"文件，并为它创建一个名为"录音设备"快捷方式，附到"开始"菜单中。

4. 设置"区域和语言"，将系统的短日期格式设置为"yy-M-d"，将一周的第一天设置为"星期一"，且默认的排序方式为"笔画"。

5. 创建一个名为"明明"的标准账户，为账户添加密码，密码为"123456"，且将账户图片更改为图片列表中第 1 行第 5 个（招财猫）。

三、Word 基本操作

1. 请使用 Word 软件，将"C:\ATA_MSO\testing\102121-7065\WORD\T02_YYWD1003\"文

件夹中提供的"鸡枞菌.docx"文档，按以下操作要求进行排版。

（1）打开文档，将纸张大小调整为 B5（JIS）（或自定义大小：宽度 18.2 厘米 × 高度 25.7 厘米），上下左右页边距均设置为 1.5 厘米，纸张方向为横向；

（2）将文档标题"鸡枞菌"设置为艺术字，艺术字样式为艺术字库的第 1 行第 2 列（填充 –无,轮廓–强调文字颜色 2），字体为华文琥珀，艺术字居中竖排，四周型环绕；

（3）参看样张，将正文字体设置为楷体，正文所有段落首行缩进 2 字符；

（4）参看样张，将文档分为等宽的三栏，为"地理分布"和"生长习性"、"营养分析"和"鸡枞菌采摘"添加项目符号如样张 1 所示；

（5）参看样张，利用查找和替换功能，将正文中样张 2 所示文字突出显示；

（6）参看样张，在文档左下角插入"C:\ATA_MSO\testing\102121–7065\WORD\T02_YYWD1003\"文件夹下的"鸡枞菌.jpg"图片文件，图片的大小调整为原始图片的 40%，在右上角插入"C:\ATA_MSO\testing\102121–7065\WORD\T02_YYWD1003\"文件夹下的"破土而出.jpg"图片文件，图片的大小调整为原始图片的 30%，环绕方式设置为"四周型"；

（7）参看样张，在文档的结尾插入中文格式的系统日期，日期自动更新，完成设置后保存文档。

（注意：完成后保存文档。）

2. 请使用 Word 软件，将"C:\ATA_MSO\testing\102121–7065\WORD\T02_YYWD1004\"文件夹中提供的"鸡枞菌.docx"文档，按以下操作要求进行排版。

（1）打开文档，将文档内容转换成一个 7 行 4 列的表格；

（2）调整表格列宽，将第 1、3 列调整为 2.3 厘米，第 2、4 列调整为 5 厘米；

（3）将表格样式设置为内置的"浅色网格–强调文字颜色 6"，将外边框设置为双框线，将表格对齐方式设置为中部两端对齐；

（4）在第 7 行第 2 列嵌入"C:\ATA_MSO\testing\102121–7065\WORD\T02_YYWD1004\"文件夹下的"形状.jpg"图片，大小调整为原图片大小的 30%；

（5）参看样张，将第 7 行右边的两个单元格合并，完成设置后保存文档。

（注意：完成后保存文档。）

四、Excel 基本操作

使用 Excel 软件，打开"C:\ATA_MSO\testing\102121–7085\EXCEL\T02_YYEX1005\"文件夹下的"销售额 TOP15 行业数据.xlsx"，根据要求完成如下的操作。

1. 在"2014 年 3 月"工作表中，将 A1:E1 单元格区域合并及居中，字号为 18、字体为隶书。

2. 利用函数在 C18 和 D18 单元格分别计算"销售金额"和"成交笔数"的"总计"，在 E3:E18 区域利用公式计算"占总销售额的百分比"，其公式为"占总销售额的百分比=销售金额 /销售金额总计"，并设置该区域单元格格式为"百分比"，保留一位小数。

3. 选择区域 A2:E18，设置字号为 10，将列宽设置为"自动调整列宽"，并为该区域添加标准色"蓝色"、"双线型"的内、外边框。

4. 为 D3:D17 区域设置条件格式，将数据大于等于 50,000,000 的单元格字体设置为红色加粗，并将数据小于 10,000,000 的单元格字体设置为蓝色加粗。

5. 参看样张，选择区域 B2:C17 制作分离型饼图，设置标题字体为 16 号，图表放置在 F1:L18

区域，完成设置后保存文档。

（注意：完成后保存文档。）

五、PowerPoint 基本操作

请使用 PowerPoint 软件，打开 "C:\ATA_MSO\testing\102121-7085\PowerPoint\T02_YYPP 1006\" 文件夹中的 "职业生涯规划.pptx"，根据要求完成演示文稿的制作。

1. 打开演示文稿，参照样张，在第 1 张幻灯片下方插入文本框，并在文本框中输入 "职业生涯规划"，设置字体格式为微软雅黑、40 号、标准色蓝色、加粗。

2. 参照样张，在第 3 张幻灯片的左侧插入 "C:\ATA_MSO\testing\102121-7085\PowerPoint\T02_YYPP1006\" 文件夹下的 "忙碌.jpg"，并调整图片缩放比例到原来的 90%。

3. 将第 6 张幻灯片与第 7 张幻灯片的位置调换。

4. 为幻灯片添加幻灯片编号，标题幻灯片中不显示。

5. 设置第 5 张幻灯片的图示的动画方式为 "弹跳"，并将该幻灯片的切换方式设置为 "淡出"，完成设置后保存文档。

（注意：完成后保存文件。）

六、Internet 基本操作

1. 浏览网页：http://www.baidu.com/，打开 "百度" 网站，单击导航栏的 "地图"，进入 "百度地图" 网页，收藏此网站。利用百度地图查看从 "中央民族大学" 到 "南锣鼓巷" 的驾车路线。

2. 向赵小云发送一个邮件，邀请她去南锣鼓巷，具体如下：

【收件人】zhaoxiaoyun@163.com

【附件】"C:\考生" 文件夹下 "路线地图.jpg

【主题】去南锣鼓巷的路线图

【正文】

小云，你好！

南锣鼓巷是中国唯一完整地保存着，最富有老北京风情的街巷。我们这个周末就去那里逛逛吧，从 "中央民族大学" 到 "南锣鼓巷" 是很方便的，具体路线图参见附件中的图片。

祝生活愉快！

小星

NIT 考试题 5

一、选择题

1. 不属于计算机病毒传播途径是（　　）。

   A. 通过非法的软件拷贝　　　　　B. 借用他人的 U 盘

   C. 把多个 U 盘混放在一起　　　　D. 使用来路不明的软件

2. "Windows 是一个多任务操作系统" 指的是（　　）。

   A. Windows 可同时管理多种资源

B. Windows 可供多个用户同时使用

C. Windows 可同时运行多个应用程序

D. Windows 可运行多种类型各异的应用程序

3. 用户用计算机高级语言直接编写的程序，通常称为（　　　）。

　　A. 二进制代码程序　　　　　　　　B. 目标程序

　　C. 汇编程序　　　　　　　　　　　D. 源程序

4. 在计算机内部，用来传送、存储、加工处理的数据或指令都是以什么形式进行的？
（　　　）。

　　A. 五笔字型码　　B. 八进制码　　　C. 二进制码　　　D. 拼音简码

5. 对微型计算机性能发展影响最大的是（　　　）。

　　A. 微处理器　　　B. 存储器　　　　C. 键盘　　　　　D. 输入输出设备

二、Windows 操作题

1. 在"C:\考生"文件夹下创建一个"音乐"文件夹，将"考生"文件夹下的文件 "歌曲.mp3"
移动到"音乐"文件夹中，并将移动到目标位置的该文件更名为"传奇.mp3"，设置为"只读"
属性。

2. 设置文件夹，在不同的窗口中打开不同的文件夹，在导航窗格中显示所有的文件夹，始
终显示菜单。

3. 更改系统日期为"2015 年 11 月 20 日"，显示附加时钟，时区为"（UTC）协调世界时"，
时钟命名为"世界时"。

4. 调整屏幕分辨率为 1024×768，并启动屏幕保护程序为"气泡"，等待时间为 5 分钟，
且恢复时显示登录屏幕。

5. 在桌面添加小工具，显示 CPU 仪表盘，以大尺寸显示，并保持在前端。

三、Word 基本操作

1. 请使用 Word 软件，将 "C:\ATA_MSO\testing\141108-5DDF\WORD\T05_YYWD1003\"文
件夹中提供的 "藏羚.docx"文档，按以下操作要求进行排版。

（1）打开文档，将纸张大小调整为 B5（JIS）（或自定义大小：宽度 18.2 厘米×高度 25.7
厘米），上下左右页边距均设置为 1.5 厘米，纸张方向为横向；

（2）将文档标题"藏羚"设置为艺术字，艺术字样式为艺术字库的第 6 行第 3 列（填充-
红色,强调文字颜色 2，粗糙棱台），字体为隶书，四周型环绕；

（3）参看样张，将正文字体设置为华文楷体，正文除项目符号外所有段落首行缩进两个
字符；

（4）参看样张，将文档分为等宽的两栏，将正文中现有项目符号更换为如样张所示；

（5）参看样张，为"外形特征"和"分布栖息"设置文本效果，效果为"渐变填充-紫色，
强调文字颜色 4，映像"；

（6）参看样张，在文档左下角插入 C:\ATA_MSO\testing\141108-5DDF\WORD\T05_YYWD
1003\"文件夹下的 "奔跑.jpg"图片文件，图片的大小调整为原始图片的 35%，在右上角插入
"C:\ATA_ MSO\testing\141108-5DDF\WORD\T05_YYWD1003\"文件夹下的"回眸.jpg"图片文件，

图片的大小调整为原始图片的 30%，环绕方式均设置为"四周型"；

（7）参看样张，在文档的结尾插入一个表层次结构的 SmartArt 图形，表述藏羚羊在栖息地分布，为文档添加一个阴影页面边框，完成设置后保存文档。

（注意：完成后保存文档。）

2. 请使用 Word 软件，将"C:\ATA_MSO\testing\141108-5DDF\WORD\T05_YYWD1004\"文件夹中提供的"藏羚羊.docx"文档，按以下操作要求进行排版。

（1）打开文档，将文档内容转换成一个 8 行 4 列的表格；

（2）调整表格列宽，将第 1、3 列调整为 2.5 厘米，第 2、4 列调整为 4.5 厘米，表格水平居中；

（3）将表格前 7 行行高设置为 1 厘米，第 8 行行高设置为 4 厘米，将单元格内容对齐方式设置为中部两端对齐；

（4）在第 8 行第 4 列嵌入"C:\ATA_MSO\testing\141108-5DDF\WORD\T05_YYWD1004\"文件夹下的"羚羊.jpg"图片，大小调整为原图片大小的 30%；

（5）参看样张，将表格边框设置为外粗内细的双实线，完成设置后保存文档。

（注意：完成后保存文档。）

四、Excel 基本操作

使用 Excel 软件，打开"C:\ATA_MSO\testing\141108-5DDF\EXCEL\T05_YYEX1005\"文件夹下的"中国柑橘出口流向数据.xlsx"，根据要求完成如下的操作。

1. 将 A1:D1 单元格区域合并及居中，字号为 12、字体为黑体。

2. 利用函数在 C19:D19 区域计算"最低值"，在 C21:D21 区域计算"平均值"，设置 C3:C21 单元格区域的数字格式为"货币型"，货币符号为"$"。

3. 选择区域 A2:D21，设置字体为隶书，将列宽设置为"自动调整列宽"，并为该区域添加标准色"橙色"、"双线型"的内、外边框。

4. 为 C3:C18 区域设置条件格式，将数据大于 5000 的单元格格式设置为"浅红色填充深红色文本"，并将数据小于 50 的单元格格式设置为"绿填充色深绿色文本"。

5. 参看样张，选择区域 B2:C18 制作三维饼图，设置标题字体为 12 号，用纯黄色（标准色"黄色"）填充图例，图表放置在 E2:I14 区域，完成设置后保存文档。

（注意：完成后保存文档。）

五、PowerPoint 基本操作

请使用 PowerPoint 软件，打开"C:\ATA_MSO\testing\141108-5DDF\PowerPoint\T05_YYPP 1006\"文件夹中的"阳光心态.pptx"，根据要求完成演示文稿的制作。

1. 参照样张，在第 1 张幻灯片的左侧插入"C:\ATA_MSO\testing\141108-5DDF\PowerPoint\T05_YYPP1006\"文件夹下的"向日葵.jpg"，调整图片的缩放比例为原来的 80%，设置图片位置，使其与幻灯片左上角水平距离和垂直距离分别为 0 厘米和 7.5 厘米。

2. 交换第 5 张幻灯片和第 6 张幻灯片的位置。

3. 设置第 2 张幻灯片左上角的向日葵图片的动画方式为"陀螺旋"，将演示文稿所有幻灯片的切换方式设置为"圆形"。

4. 设置幻灯片的放映类型为演讲者放映（全屏幕），且绘图笔颜色为红色（RGB-{255,0,0}），

完成设置后保存文档。

（注意：完成后保存文件。）

六、Internet 基本操作

1. 输入网址：http://www.n-s.cn/，进入鸟巢国家体育场网站，单击导航栏"鸟巢概况"，切换到"鸟巢概况"网页，收藏该网页，并将该网页以"鸟巢国家体育场.htm"为文件名，且以"网页，仅 html"类型保存到"C:\考生"文件夹中。并设置 Internet 选项，使用当前页面创建主选项卡。

2. 给你的朋友张方发送一封邮件，向他介绍国家体育场。

【收件人】zhangfang@126.com

【附件】"C:\考生"文件夹下"鸟巢国家体育场.jpg

【主题】关于鸟巢国家体育场

【正文】

张方，你好！

国家体育场位于北京奥林匹克公园中心区南部，于 2008 年 6 月 28 日落成。北京奥运会期间，国家体育场作为主会场，承担了开闭幕式、田径赛事和足球决赛。精彩绝伦的开闭幕式表演你应该还有印象吧？有兴趣的话，我们一起去国家体育场看看。

祝生活愉快！

李文